SHESHI FANQIE ZAIPEI

设施番茄栽培

杨晓燕　黄淑媛　田风林　主编

黄河出版传媒集团
阳光出版社

图书在版编目（CIP）数据

设施番茄栽培 / 杨晓燕，黄淑媛，田风林主编.
银川：阳光出版社，2025.2. -- ISBN 978-7-5525
-7537-8

Ⅰ. S641.2

中国国家版本馆CIP数据核字第20249H0Y38号

设施番茄栽培　　　　杨晓燕　黄淑媛　田风林　主编

责任编辑　金小燕
封面设计　王　烨
责任印制　岳建宁

黄河出版传媒集团
阳 光 出 版 社　出版发行

出 版 人　薛文斌
地　　址　宁夏银川市北京东路139号出版大厦（750001）
网　　址　http://ssp.yrpubm.com
网上书店　http://shop129132959.taobao.com
电子信箱　yangguangchubanshe@163.com
邮购电话　0951-5047283
经　　销　全国新华书店
印刷装订　宁夏凤鸣彩印广告有限公司
印刷委托书号　（宁）0031278

开　　本　787 mm×1092 mm　1/16
印　　张　9.25
字　　数　180千字
版　　次　2025年2月第1版
印　　次　2025年2月第1次印刷
书　　号　ISBN 978-7-5525-7537-8
定　　价　68.00元

前言 / Preface

　　《设施番茄栽培》由固原市职业技术学校和宁夏一山科技有限公司等组织长期从事设施农业产业技术研究和教学的专家和老师共同编写，主要用作农业类中等专科学校、职业技术学校的教材，也可以作为从事设施番茄种植的相关企业、农户的种植技术参考用书。

　　宁夏地处黄土高原夏秋蔬菜生产优势区域，具有得天独厚的自然条件，所生产的番茄口感清甜，品质优异。近年来，宁夏通过调整产业结构，优化种植模式，大力发展设施农业和露地蔬菜。蔬菜产业规模不断扩大，产量和品质逐年提升，蔬菜产业已成为宁夏经济发展中的重要产业，也是宁夏农产品走向全国的一张靓丽的名片。冷凉蔬菜被列入宁夏回族自治区重点支持和大力发展的"六特"农业特色产业之一，表明蔬菜产业特别是设施蔬菜在宁夏具有广阔的发展前景。设施番茄作为设施蔬菜的重要组成部分，将会得到大力的发展。

　　本书主要介绍了我国设施番茄产业概况、主栽品种、生物学特性、育苗、苗床土的配制及消毒、种子处理、定植准备、田间管理、病虫害防治、采收、贮运等方面的内容。编写时采用模块化方式将上述内容分类，再通过技术任务分解教学重难点，辅之以练习思考题，以达到理论、实践、思考相结合的教学效果。

　　本书包含六个模块。杨晓燕、马利、罗琛杰编写"概述"模块。黄淑媛主笔，王琴、买自珍、吴彩霞协助编写"设施番茄育苗技术"模块。田风林、叶晓东、陈芳、杨彩玲编写"育苗前的准备"模块。马海财、王鑫、罗旭歌、郑艾琴负责"番茄栽培与管理"模块的编写工作。刘孝荣、时发亿、张倩、贾小琴共同编写"设施番茄病虫害防治技术"模块，李碧霞、何桂琴、赵万余负责"设施番茄的采收与贮运"模块的编写。

　　由于编者理论水平和技术能力的局限性，本书难免存在不足之处，敬请广大读者批评指正。

目录/Contents

模块一 概述

（9 学时，理论 9 学时）

项目一 设施番茄产业现状

【学习目标】

1. 知识目标：了解我国设施番茄产业现状，熟悉我国及本地区设施番茄栽培现状。

2. 能力目标：掌握全国以及本地区的设施番茄栽培现状，有助于更好地把握市场需求，优化种植资源，提高本地区设施番茄的市场竞争力。

3. 素质目标：设施农业是我国农业生产的重要组成部分，熟悉本地区设施番茄栽培现状，有助于更好地贯彻落实国家农业政策，推动农业现代化进程，实现乡村振兴战略的总目标。

任务一 我国设施番茄产业现状

一、番茄的经济学价值

番茄（*Solanum lycopersicum.l.*）又称西红柿，是茄科番茄属一年生或多年生草本植物，起源于南美洲的安第斯山脉的秘鲁、厄瓜多尔、玻利维亚等地形复杂的河谷和山川地带。番茄是世界上最重要的蔬菜作物之一，我国南北方普遍种植。

番茄富含维生素、胡萝卜素、有机酸、矿物质和番茄红素等营养物质，不仅可满足人体对维生素和矿物质的需要，而且对于防治佝偻病、眼干燥症、夜盲症及某些皮肤病等有良好功效；番茄中含有果酸，能降低胆固醇的含量，对高脂血症很有益处；番茄红素能够有效预防前列腺癌、消化道癌、肝癌、肺癌、乳腺癌、膀胱癌、子宫癌、皮肤癌等。研究表明,成人每天生食 300 g 番茄可以满足身体对维生素和矿物质的需要,熟食 100~200 g 番茄可以满足对番茄红素的需要。从世界范围来看,欧美国家的消费量最大,番茄的消费量占到蔬菜总量的 21%~23%。目前,番茄在我国南北方均有广泛栽培,发展番茄产业是农业结构调整、农民增收致富和出口创汇的重要途径。

二、我国设施番茄产业现状

番茄作为近年发展的世界性园艺作物,也是营养价值极高的植物,具有适应范围广、产量高、营养全面等特点,是全世界年总产量最高的 30 种农作物之一。据联合国粮农组织统计,中国番茄常年产量在 5 000 万 t 以上,而且呈现增长态势。近年来随着设施栽培技术的日渐成熟,利用温室、塑料大棚等进行设施番茄栽培越来越受到重视,番茄已成为我国继黄瓜之后第二大设施栽培作物。2016 年我国番茄总播种面积为 136.1 万 hm^2,设施栽培面积为 77.81 万 hm^2,占比为 57.2%。

世界番茄出口商品主要包括鲜番茄、去皮番茄、番茄酱、番茄汁和番茄沙司 5 大类,其中后 4 类为番茄制品。自 2006 年起,我国已经成为全球第二大番茄制品生产国和第一大出口国,出口量占世界出口总量的 30% 左右。在各类番茄出口产品中,番茄酱基本为主导产品,出口量前 10 位的省(区、市)分别是云南、山东、广东、黑龙江、新疆、湖北、辽宁、内蒙古、陕西和浙江,占全国番茄出口量的 99.3%,已形成屯河、中基、冠农、天业、丹泉等番茄制品品牌。目前,我国番茄制品主要出口俄罗斯、意大利、日本等市场,国内加工番茄制品消费量较小。

我国番茄育种起步较晚,从 20 世纪 60 年代开始,先后经历品种引种、常规育种、杂交育种和分子育种阶段。我国学者利用全基因组变异组数据对番茄进行系统发生和群体结构分析,发现番茄群体分为 3 个亚群,即醋栗番茄、樱桃番茄和大果番茄,研究为番茄杂交育种提供了重要的理论基础。通过近几十年的攻关,取得了显著的成绩,先后育出一系列优良品种,同时在生物技术的应用方面也有飞速的发展,相继开展了番茄抗病育种推广,如金棚 10 号、东圣 193、凯德冬冠、圣多美、阿姆斯特、新奥菲、浙粉 702 等品种。目前我国利用转基因技术已经将大量外源抗病基因导入番茄,并得到抗性植株。开展了番茄抗逆育种推广,如耐寒性、耐弱光性和耐热性等,先后推广了金棚 8 号、瑞星大宝 F1、亮粉 118、福美来、东农 713 等品种。此外,还开展了商品品质、风味品质以及营养品质 3 个方面的番茄品质育种推广,如青农 866、千禧、天正粉奥、金珠、拉比、合作 905、新番 10 号等。

【课程资源】

我国设施番茄产业现状

任务二　我国设施番茄产业发展问题及对策

一、我国番茄产业发展问题

我国番茄产业，特别是设施番茄产业的发展，不仅解决了番茄周年均衡供应的问题，也在促进农民增收和高效利用农业资源等方面作出了历史性贡献。但是，从番茄整个产业的发展来看，我国设施番茄在区域布局、生产技术、种业支撑、加工贸易等环节仍存在结构性矛盾，这些因素都制约产业高质量发展。

一是缺乏科学规划，设施生产基础薄弱。设施番茄发展的统筹规划布局、科学引导种植不足。各地设施番茄产业发展呈现显著的盲目性和随意性，设施类型、栽培制度、栽培技术等缺乏区域特色，比较优势不明显。一些设施番茄生产园区存在规划设计不科学，布局不合理，水电路等配套设施不健全，生产效益不高等问题。有些地区甚至出现盲目照抄照搬其他地区设施结构类型进行施工建造，未能依照当地的区域位置和环境条件进行科学设计，造成设施大棚采光、蓄热、排水和保温等设计及建造不合理，抵御雨雪等极端天气的能力不足。此外，当前我国很多地区设施大棚结构普遍比较简陋，环境调控仍多以人工为主，缺乏环境自动调控，总体环境调控能力较差，影响着设施番茄生产的稳定性。

二是种业薄弱，生产效率普遍较低，土壤连作障碍严重。设施番茄专用品种育种进度缓慢，番茄种质资源相对匮乏，在品种、品质改良方面还比较落后，高档高价位种子掌控在外资公司手中，难与国外番茄种业抗争。同时，中国番茄育种发展的方向长期定位于鲜食为主，缺乏专用加工型番茄品种，平均单产仍然低于世界平均水平。设施番茄在集约化育苗上存在供苗率低，优质高产高效栽培技术体系不完备，缺乏适合不同地区和不同设施类型与栽培模式的番茄栽培量化技术标准。设施番茄生产机械化水平普遍较低，劳动强度大、成本高、种植与销售信息不对称以及从事农业的人员老龄化等问题均制约着番茄产业的发展。随着设施番茄连作年限增加，特别是不科学肥水管理，导致设施番茄土壤酸化、次生盐渍化、土传病害加重等连作障碍问题日益突出。为克服连作障碍导致病害问题，生产中存在用药多等问题，严重影响番茄产量、品质和安全性。

三是深加工制品比例小，贸易结构单一，缺乏品牌效应及核心竞争力。我国已成为世界上重要的番茄加工及出口国家，但整体水平与国际同行以及市场需求之间仍存在一定差距。一是中国生产的番茄制品处于最基础的加工模式，附加值低。例如番茄酱主要以低端大桶原料性大包装产品出口为主，高端产品番茄红色素胶囊及番茄红素油树脂等的比例很小，为满足国内高端市场需求，需要每年从国外进口大量的番茄加工制品。二是在中国番茄及制品贸易中，番茄酱的贸易比重最大，几乎占据番茄贸易产品的绝大部分，而且这一趋势还在进一步加深。而世界番茄贸易以鲜番茄贸易为主，中国鲜番茄贸易地位则很低。三是保鲜储藏技术落后，因储藏方式不当而变质腐烂现象依然存在，造成巨大的经济损失。近年来，一些国家通过提高技术性贸易壁垒限制中国番茄产品的进入，大量低端番茄酱产品极易成为贸易壁垒的攻击对象。我国番茄产业缺乏具有全球性影响力的番茄品牌，虽然产业规模很大，但在国际市场上的竞争力不强，话语权弱，产业带动效应、增值效应相对较差，致使产业规模和市场效应严重失衡。

二、我国番茄产业发展对策

促进农业高效发展，稳步推进农民增收是当前农业生产的根本。各农业企业、合作社和种植户应以当地的自然环境条件为前提，建造适合当地自然环境条件的设施番茄，并采用经济有效的环境调控手段，以节省能源，提高产投比，进行设施番茄优质高效生产。强化市场信息互通纽带，加强设施番茄生产布局规划、基地规划、设施结构的建造规划和种植模式及茬口安排规划，实现番茄生产的专业化与发展的多样性，有效避免"菜贱伤农"的局面。

从目前我国番茄育种的现状来看，国内的番茄育种水平与国外相比仍存在一定的差距，收集和鉴定各种番茄种质资源仍是育种工作的重心，特别是抗病、抗逆的资源材料，重点培育具有多抗性品种和耐不同逆境条件的品种，积极选育适合出口的鲜食和加工品种。各地种植户应根据当地消费习惯、市场需求等种植多抗优质的品种。

我国设施番茄生产面积虽然迅猛增加，但连年重茬种植导致致毒物质产生，不合理、过量肥水药管理等导致土壤环境恶化、菌群失衡、土传病害、根结线虫等病害加重的连作障碍问题，严重制约着番茄生产。各地宜采取有力措施解决设施番茄生产中的连作障碍难题，使设施番茄生产走出困境，再上一个新台阶，保证设施番茄生产逐步实现可持续发展。常用的土壤处理方式有物理处理（土壤电消毒处理、高温高湿厌氧处理、秸秆生物反应堆处理等）、药剂处理（石灰氮、棉隆、噻唑膦和阿维菌素等）、生物处理（芽孢杆菌、白僵菌和淡紫拟青霉菌等）。此外，可采用土壤深翻、轮作、间作套种、嫁接、增施有机肥、农业废弃物还田以及合理灌水和施用化肥等处理方式。

我国番茄加工贸易未来竞争格局将更趋于良性和有序化发展。抓紧基地建设，建立龙头企业、种植大户的帮带机制，加强订单稳定种植，强化与管理部门间的协作，实现信息数据互联，广泛应用优良品种及科学化、规模化的配套栽培、管理、加工技术，以促进品种结构与质量结构的调整和优化。在加工环节上，各企业应开发适销对路产品，走差异化之路，强化品牌发展意识，增强国际市场竞争力，加强番茄从种到销各环节的全程质量安全控制。积极巩固国内市场，培育国际市场，加强研发技术，不断巩固欧美市场，还应挖掘中东、中南亚等地区的市场潜力。通过不同的深加工，拉长和延伸番茄这一红色产业链，拉动国内番茄种植业，提升番茄加工贸易业持续良性发展。

【课程资源】

我国设施番茄产业发展问题及对策

任务三　宁夏设施番茄发展现状

宁夏地处我国西部内陆，拥有高海拔、昼夜温差大、日照时间长和低降水量等自然气候条件，土壤、气候条件有利于番茄有机质的沉淀，番茄品质好、酸甜度适中、口感好。立足资源禀赋，宁夏已逐渐成为优质番茄种植区和加工区。2020 年宁夏番茄主栽品种播种总面积达 13 162.9 hm^2，主要分布在银川市、石嘴山市、吴忠市、中卫市及周边地区，其中日光温室为 7 754.2 hm^2，大中拱棚为 1 528 hm^2。用于脱水蔬菜的番茄品种主要有屯河系列、陆丰 2 号、亨氏 3402 等，其中平罗县用于脱水蔬菜的番茄种植面积最大，达到了 233.3 hm^2。番茄作为宁夏蔬菜生产的外销型主导品种之一，远销深圳、武汉、广州、上海、长沙、成都、重庆、郑州、西安等地。为了拓宽番茄销售渠道，宁夏通过政府搭台，构建产销对接模式，邀请省外大型批发市场的客商至宁夏产地，跟当地的种植基地进行对接。同时，还把宁夏 20 hm^2 以上的基地做成名录，涵盖品种、上市期、产量等关键信息，全国的客商均能知道，可直接联系，进行收购。2008 年，农业部正式批准对"青铜峡番茄"实施农产品地理标志登记保护。截至 2021 年，宁夏已初步形成越夏番茄、青铜峡番茄、莲湖西红柿等一批品质优越，具有市场知名度和占有率的优质优势产品。宁夏番茄产业依据地域特点，借助农业高质量发展的快车道，取得了显著成效。今后将继续力求走产品质量高、产业效益高、生产效率高、经营者素质高、综合竞争力强、农民收入高的高质量发展之路。

【课程资源】

宁夏设施番茄发展现状

项目二 番茄类型及品种

【学习目标】

1. 知识目标：了解全国、本地区设施番茄栽培品种，熟悉本地区设施番茄栽培品种。

2. 能力目标：掌握全国以及本地区的设施番茄栽培分布，有助于更好地把握市场需求，优化种植资源，提高本地区设施番茄的市场竞争力。

3. 素质目标：设施农业是我国农业生产的重要组成部分，熟悉本地区主推的设施番茄栽培类型，有助于更好地贯彻落实国家农业政策，推动农业现代化进程，实现乡村振兴战略的总体目标。

任务一 番茄的类型

番茄的分类方法有多种，目前尚未完全统一。较多分类学家认为，番茄属包括秘鲁番茄、智利番茄、多毛番茄、醋栗番茄、小花番茄、克梅留斯基番茄、契斯曼尼番茄、潘那利番茄和普通番茄 9 个变种。普通番茄又可分为 5 个栽培变种，即普通番茄、直立番茄、梨形番茄、大叶番茄、樱桃番茄。目前绝大部分的栽培品种属于普通番茄这一变种。通常生产上有以下 6 种分类。

一、按植物生长习性分类

当前生产上番茄栽培品种一般根据生长习性分为有限生长型和无限生长型。

有限生长型又称"自封顶"型。植株长到一定节位，即主干 3~5 层花序时自行封顶，生长点变成花序，不再向上生长，依靠叶片基部的腋芽或花序下部抽生侧枝生长，侧枝生长 1~2 个花序后顶端又变成花序而封顶，如此反复，再从叶腋形成侧芽生长。这类品种一般间隔 1~2 叶发生一个花序，通常植株较矮，生长期较短，大多较早熟。株高 1 m 左右，可进行 2~3 秆整枝，立较矮或简易的支架，或不立支架。适于早熟栽培，但适应性、抗逆性较差，产量也较低。该类型品种宜作小棚或大棚栽培、露地简易支架密植栽培或无支架栽培。

无限生长型主茎顶端不断开花结果，生长高度不受限制。这类品种的第一花序节位较高，多数品种通常在第 7~9 节着生第一花序，花序间隔节位也较多，多在 3

叶以上。无限生长型番茄植株高大，生育期长，果形大，产量高，品质优良，适应不良环境的能力较强，抗病性好，多为中晚熟品种。

二、按果实颜色分类

可分为大红果、粉红果、黄色果（金黄色、黄色、淡黄色、橙黄色）、咖啡色果、绿色果、紫色果和黑色果等品种。

三、按果实大小分类

大果型：单果重 150~200 g 以上，如苏红 2003、浙粉 202、百利、中蔬 6 号等。

中果型：单果重 100~149 g，如浙杂 204 等。

小果型：单果重 100 g 以下。

四、按果实形状分类

可分为扁平形、扁圆形、圆形、高圆形、长圆形、梨形、牛心形、桃形、樱桃形、苹果形、长梨形品种。

五、按熟性分类

可分为最早熟、次早熟、早熟、中熟、晚熟类型。

六、按栽培用途分类

普通鲜食类：包括普通栽培的大果型、中果型品种。该类品种果型大，产量高，品质好，销量大，抗性强，为丰产性品种，露地栽培和设施栽培均适宜。

加工番茄类：主要注重果肉的颜色及果肉、果汁的糖酸比，适于制酱、制汁、制整番茄罐头。多为有限生长型品种，矮架或无支架栽培，生育期短、成熟快，适宜一两次集中采收或机械化采收。适宜加工基地集中种植或露地种植。

樱桃番茄类：果型特小，极早熟。果实多作为水果销售，市场价格较高，抗性较强，但市场销售量有限。

【课程资源】

番茄的类型

任务二 主要优良品种

番茄在我国各地栽培广泛，20世纪50—60年代，主要利用国外引进品种。从70年代开始育种，至今已选育出大批优良品种应用于生产。同时，随着我国设施栽培的发展，国外一些优良品种也大量涌入我国，在生产上发挥了重要作用。在栽培时一定要根据当地的消费习惯、气候条件和栽培方式等选择适宜的品种。以下简单介绍在生产上发挥了重要作用的品种。

一、中国农科院系列

（一）中杂9号

中国农业科学院蔬菜花卉研究所选育。植株无限生长型，中早熟品种，叶量适中叶色浓绿，第一穗果着生在第八至第九节上；果圆形粉红色，畸果率低，单果重 160~200 g，坐果率高，品质优良，风味好；高抗花叶病毒病和叶霉病。每亩（1亩 ≈ 667 m²）产量 7 000 kg 以上。适宜温室大棚栽培。

（二）中杂11号

中国农业科学院蔬菜花卉研究所选育。植株无限生长型，节间长，中熟品种；果实圆整，粉红色，大小均匀，单果重 200~260 g，品质优良；高抗花叶病毒病和叶霉病。每亩产量 6 000~7 000 kg。适于春季温室及大棚栽培。

（三）中杂12号

中国农业科学院蔬菜花卉研究所选育。植株无限生长型，早熟品种；果圆形红色，畸形果率低，单果重 200~240 g，坐果率高，品质优良；植株生长势强，抗病毒病、叶霉病、枯萎病。产量高，每亩产量 7 000~8 000 kg。适于春季温室及大棚栽培。

（四）中杂101

中国农业科学院蔬菜花卉研究所选育。中熟品种，植株无限生长型，节间较长，生长势强；果实近圆形，粉红色，平均单果重 200~250 g，果形整齐；抗叶霉病、番茄花叶病毒病。每亩产量 7 000~8 000 kg。适于春秋大棚栽培。

（五）中杂8号

中国农业科学院蔬菜花卉研究所最新选育。植株无限生长型，叶量中等，中早熟品种，生长势强；果实圆形，果红色，大小均匀，较硬较耐贮运，单果重 200 g 左右，品质优良；高抗花叶病毒、叶霉病。每亩产量 5 000~7 000 kg。适于日光温室及春秋大棚栽培。

（六）中杂 106

中国农业科学院蔬菜花卉研究所最新育成品种。植株无限生长型，生长势中强；果实近圆形，幼果有绿果肩，粉红色果，单果重 200 g 左右；抗花叶病毒、叶霉病，每亩产量 7 000~8 000 kg。适于大棚及春秋日光温室栽培。

二、北京佳粉系列

（一）佳粉 15 号

北京市蔬菜研究中心选育。植株无限生长型，植株生长势弱，节间长且茎秆较细，叶量稀少，中熟品种；果扁圆粉红色，单果重 200~250 g，坐果率高，品质优良；抗病性较强，耐低温性较差。产量高，每亩产量 5 500~7 000 kg。适于温室大棚栽培。

（二）佳粉 18 号

北京市蔬菜研究中心选育。植株无限生长型，植株高大，生长势强，中熟品种；果实扁圆粉红色，单果重 150~200 g，坐果率高，品质较好；较抗病毒病、疫病，耐低温。产量高，每亩产量 5 000 kg 左右。适于温室大棚栽培。

（三）佳粉 17 号

北京市蔬菜研究中心选育。植株无限生长型，植株生长势强，叶量稀少，中熟品种；果扁圆粉红色，单果重 180~200 g，坐果率高，品质优良；100% 植株被有茸毛，对蚜虫、白粉虱有明显防效。产量高，每亩产量 5 000~7 000 kg。适于温室大棚栽培。

三、江苏农科院番茄品种

（一）苏红 2003 号

江苏省农业科学院蔬菜研究所育成的早熟大果型一代杂种。植株有限生长型，长势强，株高 85 cm 左右，主茎 7~8 节着生第一花序，3~4 穗花序封顶；果实高圆形，大红果，单果重 300 g 左右，果面光滑、圆整，无绿果肩，硬度高，不易裂果，耐贮运，商品性好；低温下坐果能力强，抗逆性突出。每亩产量 5 000 kg 左右。适合设施栽培及露地栽培。

（二）江蔬 1 号

江苏省农业科学院蔬菜研究所育成的一代杂种。植株有限生长型，中早熟品种，生长势强，叶量中等，株高约 75 cm，2~3 穗花序封顶，每花序结果 3~5 个；果实大、高圆形、红色，果面光滑，单果重 210 g 左右，果皮厚，耐贮运，商品率高；抗番茄烟草花叶病毒病、叶霉病。每亩产量 4 500 kg 左右，高产可达 5 500 kg。适合江苏、安徽、湖南、四川等地早春大棚栽培及露地栽培。

（三）江蔬 14 号

江苏省农业科学院蔬菜研究所育成的早熟红果型番茄品种。植株有限生长型，生长旺盛，株高 80~90 cm，叶色深绿，主茎 7~8 节着生第一穗花，3~4 穗花封顶；果实近圆形，幼果有淡绿肩，成熟果大红色，果面光滑，果形圆整，色泽鲜亮，单果重 250 g 左右，硬度高，耐贮运；可溶性固形物含量 5% 左右，品质优，商品性好；植株上下部果实均匀，耐低温能力强，抗番茄烟草花叶病毒病，高抗叶霉病。适合设施早熟栽培、日光温室栽培、大棚秋延后栽培及西南地区冬春露地早熟栽培。

（四）江蔬 3 号

江苏省农业科学院蔬菜研究所育成的一代杂种。植株有限生长型，株高 80~90 cm，叶色深绿，生长势较强，主茎 7~8 片叶着生第一花序，3~4 花序后封顶；果实高圆形、粉红色，果面光滑、圆整，单果重 220~250 g；可溶性固形物含量 5% 左右，品质优，商品番茄性好；高抗番茄烟草花叶病毒病、枯萎病及叶霉病，中抗黄瓜花叶病毒病。每亩产量 4 500 kg 左右。适合长江中下游地区种植。

（五）TY209

江苏省农业科学院最新育成的抗番茄黄化曲叶病毒病新品种。植株无限生长型，长势旺盛，主茎 8~9 节着生第一花序，花穗间隔 3 叶，不早衰，叶量中等；果实近圆形，幼果有果肩，成熟果大红色，果面光滑，果脐及梗洼小，单果重 200 g 左右；果实硬度高，畸形果及裂果率低，极耐贮运，可溶性固形物含量 4.9% 左右；高抗番茄黄化曲叶病毒病，抗枯萎病。

（六）苏粉 12 号

江苏省农业科学院最新育成的抗番茄黄化曲叶病毒病新品种。植株无限生长型，中早熟品种，植株叶色深绿，长势旺盛，连续坐果能力强；果实扁圆形，果面光滑，硬度高，极耐贮运，畸形果率低，货架期达 11 d；幼果无绿肩，成熟果粉红色，无棱沟，着色均匀，极富光泽，单果重 200 g 左右，大小均匀；可溶性固形物含量 5% 左右，酸甜适中，风味好，品质优；高抗番茄黄化曲叶病毒病、叶霉病、番茄烟草花叶病毒病，抗枯萎病。每亩产量 7 000 kg 以上。

四、浙江优势品种

（一）浙杂 809

浙江省农业科学院蔬菜研究所育成的一代杂种。植株有限生长型，早熟品种，长势强，株高 80 cm 左右；幼果浅绿色、无果肩，成熟果实大红色，着色均匀，无棱沟，高圆形，单果重 250~300 g，大果可超过 500 g，皮较厚，耐贮运性佳；高抗烟草花叶病毒病，耐叶霉病和早疫病，田间表现中抗叶霉病，抗逆性较强。亩产 4 000 kg 以上，高产可超 5 000 kg。可作冬春或早春大棚栽培，亦适宜高山栽培和秋季栽培，长江流域和全国喜食红果地区均可种植。

（二）浙粉 202

浙江省农业科学院蔬菜研究所育成的一代杂种。植株无限生长型，长势较强，早熟品种，第 7 叶着生第一花序，花序间隔 3 叶，连续坐果能力强，耐低温和弱光性好；果实高圆形，品质佳，幼果浅白色、无果肩，成熟果粉红色，无棱沟，色泽鲜亮，着色一致，单果重 300 g 左右，大果可达 450 g 以上，果脐小，果皮、果肉厚，裂果和畸形果极少，耐贮运。每亩产量可达 8 000 kg 以上。适宜冬春季南方大棚和北方日光温室栽培。

（三）浙粉 701

浙江省农业科学院蔬菜研究所育成的杂交一代新品种。植株无限生长型，早熟品种，幼果无绿果肩，成熟果粉红色，色泽亮丽，果实高圆形，单果重 250 g 左右，商品性好，硬度高，耐贮运；抗番茄黄化曲叶病毒病、叶霉病、枯萎病、番茄烟草花叶病毒病。适应性广，全国喜食粉红果地区均可种植。

（四）浙杂 501

浙江省农业科学院蔬菜研究所育成的杂交一代新品种。植株无限生长型，中早熟品种，幼果无绿果肩，成熟果大红色，色泽亮丽，果实圆整，单果重 220 g 左右，商品性好，硬度高，耐贮运；抗番茄黄化曲叶病毒病、枯萎病、番茄烟草花叶病毒病。适应性广，抗逆性好，连续坐果能力强，全国各地均可种植。

五、安徽特色品种

（一）皖粉 5 号

安徽省农业科学院园艺研究所育成的杂交一代新品种。植株无限生长型，叶片稀，早熟品种，果实高圆形、粉红色，单果重 300 g 左右，皮厚，品质及商品性好，耐贮运；每亩产量 7 500 kg。高抗病毒病、叶霉病。适宜温室及大棚种植。

（二）皖粉 208

安徽省农业科学院园艺研究所育成的杂交一代新品种。植株无限生长型，叶片稀，早熟品种，果实高圆形，幼果无青肩，果面光滑，成熟果粉红色，单果重

350~400 g，皮厚，耐贮运，品质及商品性好；抗逆性强，高抗病毒病、叶霉病。每亩产量 10 000 kg 左右。适宜温室及大棚种植。

六、西北特色品种

（一）金棚 1 号

西安皇冠蔬菜研究所育成的杂交一代优良品种。植株无限生长型，早熟性突出；幼果无绿肩，果实粉红，色泽好，果实外形美观，果面光滑，平均单果重 200~250 g，大小均匀，畸形果率少，肉厚，耐贮运，风味佳，含糖量高，营养丰富；高抗番茄烟草花叶病毒病、叶霉病和枯萎病，中抗黄瓜花叶病毒病、灰霉病、晚疫病发病率低。在较低温度下坐果率高，果实膨大快。适宜大棚春提早、秋延后栽培，也可用于露地栽培。

（二）毛粉 802

西安市蔬菜研究所选育。植株无限生长型，有 50% 植株全株及叶片被有白色茸毛，生长势强，第一花序着生在 9~10 节，晚熟品种；果实圆整，粉红色，果脐小，单果重 150~180 g；高抗花叶病毒，对蚜虫和白粉虱亦有一定抗性。每亩产量 4 500~5 000 kg。适于温室及春季大棚栽培。

（三）毛粉 808

西安市蔬菜研究所选育。自封顶生长型，有 50% 植株全株及叶片被有白色茸毛，早熟品种；果实圆整，粉红色，果脐小，肉厚不裂果，单果重 180 g，品质极佳；抗花叶病毒、枯萎病、叶霉病，耐晚疫病。每亩产量 6 500~7 000 kg。

（四）灵光 1 号

西安市园艺研究所选育。植株无限生长型，早中熟品种，连续结果能力强，熟性集中；果实圆整，粉红色，耐贮运，单果重 180 g 左右；抗叶霉病、枯萎病、病毒病。每亩产量 5 000~7 000 kg。适于日光温室栽培。

七、东北耐寒品种

（一）佳源大粉

辽宁省农科院园艺研究所选育。植株无限生长型，中熟品种；果实扁圆形，粉红色，单果重 130 g 左右；抗花叶病毒及早疫病。每亩产量 5 000 kg 左右。适于温室栽培。

（二）L401

辽宁省农科院园艺研究所选育。植株无限生长型，中早熟品种，生长势中等，叶色浅绿；果实扁圆形，粉红色，质沙味甜，较耐贮运，单果重 200 g 左右；抗花叶病毒。每亩产量 6 500 kg 左右。适于温室大棚栽培。

（三）L402

辽宁省农科院园艺研究所选育。植株无限生长型，中熟品种，长势强；果实扁圆形，粉红色，果肉厚，品质佳，耐贮运，单果重 200 g 左右；抗逆性强，耐低温，抗病毒病。每亩产量 6 000~7 000 kg。适于温室大棚栽培。

（四）齐研矮黄

黑龙江省齐齐哈尔市园艺研究所选育。自封顶生长型，早熟品种，节间短，株高 55~65 cm，薯叶型，叶色浓绿；果实圆整，橘黄色，味酸甜，单果重 160 g 左右；抗病毒病、疫病。每亩产量 3 000 kg 左右。适于大棚栽培。

八、国外品种

（一）卡鲁索

卡鲁索主产于荷兰。植株无限生长型，生长势强，叶量适中，中熟品种；扁圆形红果，基本无畸形果，单果 200~250 g，耐贮藏，品质优良；抗病性强，产量高，每亩产量 6 000~8 000 g。适合温室长季节栽培及越夏栽培。

（二）普罗旺斯

荷兰德澳特种业集团公司选育的设施专用番茄新品种。植株无限生长型，长势旺盛，具有大红果基因的粉红果品种，连续坐果能力强。叶片较小，叶厚，叶色深绿；果实正圆略扁，颜色亮丽，果型好、硬度高，不空洞，是适于出口的高档果。果个大，平均单果重 250~300 g，产量高，口感佳；高抗线虫、叶霉病、枯黄萎病、条斑病毒、TY 病毒。耐低温，适于秋延后、早春、越冬栽培。

（三）红冠 98

红冠 98 主产于美国。植株无限生长型，生长势强，叶量适中，中熟品种；果扁圆形，果色大红，果实整齐，果肉厚，单果重 350 g，耐贮藏，品质一般；抗病性强，产量高，每亩产量 8 000~10 000 kg。适合温室长季节栽培及越夏栽培。

（四）阿乃兹

阿乃兹（FA-189）产自以色列。植株无限生长型，株形高大，生长势强，茎秆粗壮，早熟品种；圆形红果，单果重 160 g 左右，极耐贮藏；抗病性强，对黄萎病、枯萎病及病毒病均有抗性，不抗叶霉病。每亩产量 8 000 kg 左右。适合温室长季节栽培及越夏栽培。

（五）达尼亚拉

达尼亚拉产自以色列。植株无限生长型，株形高大，生长势强，茎秆粗壮，晚熟品种；圆形红果，单果重180 g左右，极耐贮藏，保鲜期长；对黄萎病、枯萎病及病毒病均有抗性。每亩产量8 000 kg左右。适合温室越冬或越夏长季节栽培。

（六）秀光306

韩国品种。植株无限生长型，早熟品种，生长势强；高圆形粉红果，坐果性好，单果重250 g左右，耐贮藏，保鲜期长；对叶霉病、叶枯病及病毒病均有抗性，耐线虫。每亩产量8 000 kg左右。适合温室或大棚春提前早熟栽培。

（七）宝发008

荷兰品种。植株无限生长型，生长势强，茎秆粗壮，叶量适中，中熟品种；扁圆形红果，坐果率高，连续坐果性强，基本无畸形果，单果重150~180 g，果实耐贮运；抗病性强，不抗叶霉病。每亩产量7 000~8 000 kg。适合温室长季节栽培及越夏栽培。

【课程资源】

番茄主要优良品种

任务三 栽培季节和茬口安排

一、栽培季节

中国地域广阔,各地气候条件不同,可以把栽培番茄分为5个主要的生长季节区。

（一）东北区

东北区包括东北各省及高寒地区，均属夏季栽培，低温是主要的限制因素。春播而秋收，不存在夏季过热问题。每年露地生产一茬，生长期长，产量较高。一般于3月中下旬播种育苗或5月露地直播，7~9月采收，早霜前拉秧。

（二）华北区

华北区以华北平原为主，包括北京、天津及河北省南部、山东省和河南省的一部分地区。无霜期较东北区长，夏季温度较高，雨水集中，对番茄的生长及产量影响较大，一般品种不易越过夏天。因此，番茄栽培可以分春番茄和秋番茄，以春番茄为主。春露地生产于1月下旬至2月上旬利用温室或阳畦育苗，4月下旬定植，6月下旬至7月上旬采收上市，8月初拉秧。

（三）西北区

西北区包括西安、汉中、关中、延安、榆林、兰州、乌鲁木齐等地，其露地栽培可分为春茬番茄、夏番茄和春到秋1年一大茬栽培番茄。春茬番茄在西安为1月下旬至2月中旬播种，在兰州为2月中旬至3月中旬播种，在乌鲁木齐为2月下旬至3月下旬播种。夏番茄一般在4月中下旬播种，春到秋1年一大茬栽培番茄，一般在气候较冷凉、番茄也能越夏的地区种植，播种和定植时间，一般比春茬栽培晚15~20 d，收获期则直到当地初霜期。

（四）长江中下游地区

长江中下游地区以春夏栽培为主，少量秋季栽培。春播番茄在冬前的11~12月温床或冷床播种育苗，到清明前后定植，从5月下旬开始采收，七月中、下旬为末果期。近年来利用电热温床育苗，可在2月播种。

（五）华南区

华南区包括广西、广东、福建及云南省的南部以及海南、台湾等省（区）。番茄栽培可分为春番茄、夏番茄、秋冬番茄（或冬番茄）。以广东地区为代表，因早春阴雨多、云量大、湿度高，夏季温度高且时间长，并常有台风、暴雨，而秋季天气晴朗，冬季温暖，所以番茄栽培以秋冬季为主，一般于8~9月露地播种、育苗，从11月到第2年3月采收。近年在广东省北部及广西桂林市的一些海拔较高的地区，夏季气温较低，昼夜温差大，番茄夏季栽培的面积迅速扩大，通常5~6月播种，8~11月收获。

二、主要茬口类型

（一）温室大棚越冬茬长季节栽培

以针对我国元旦、春节冬春淡季上市为主要目标，多在8月播种育苗，9月定植，11月至翌年5—6月持续收获，为现代加温温室主要茬口类型。也是我国北方部分无加温的节能型日光温室，华南、西南亚热带南缘地区无加温大棚的主要茬口类型，通常称为长季节促成栽培（加温温室）或越冬茬长季节栽培。

（二）日光温室冬春茬

华北地区在11月下旬至12月上中旬育苗（东北地区在1月），苗龄60~70 d；定植期华北一般在1月中旬至2月上中旬，东北多在2月；4~7月采收。

（三）日光温室秋冬茬

主要供应冬季和春节市场。一般北方在6月下旬至7月播种育苗，8月中下旬到9月上旬定植，10月下旬至翌年1月采收。

（四）大棚多层覆盖特早熟栽培

长江流域在10月中下旬育苗，11月下旬定植，仅利用2~3穗果摘心，密植于大棚内，多重覆盖保温，翌年2月下旬至4月采收供应。类似北方日光温室的冬春茬，是一种"矮、密、早"的促成栽培技术，分布在安徽和县等地。

（五）大棚春季早熟栽培

栽培面积较大，一般北方在12月育苗，苗龄70 d左右；南方的播种期在11月至12月上旬，苗龄90~110 d；都在2~3月定植，4月下旬至7月采收。

（六）大棚秋季延后栽培

北方常在7月播种育苗，8月定植（高纬度地区宜适当提早），9月下旬开始采收；长江流域一般在6月中下旬到7月中旬播种，约8月中旬定植，10~12月采收。

三、茬口安排原则

我国不同地区的自然条件差异很大，应根据不同地区市场需求、消费习惯等合理安排茬口。

一是高产量，高产值。根据番茄的生育规律，对温、光等环境条件的要求，结合设施番茄的性能和市场行情等，安排最适宜的种植茬口。

二是充分发挥设施番茄的潜力与优势。从社会效益与经济效益角度出发，安排种植设施番茄，如早春茬可以选用大拱棚种植。各地应根据当地自然环境、区位优势等，合理建造、利用大拱棚、日光温室等环境调控及配套栽培技术，利用或人为创造适宜的设施番茄生长所需的生态环境，减少农资投入。

三是市场所需，轮茬种植。茬口的安排要考虑到实行轮作倒茬，改善土壤地理条件，防止产生连作障碍，利用轮茬，拓展销售市场，降低低价风险，获得高产高效益。

【课程资源】

番茄栽培季节和茬口安排

项目三　番茄的植物学性状

【学习目标】

1. 知识目标：了解番茄生长发育规律、环境条件要求及本地区环境条件，能合理选择适宜种植的番茄品种。

2. 能力目标：能够根据番茄的环境条件要求，进行土肥配比、土壤改良、水分管理和养分供应，提高产量和品质。

3. 素质目标：通过学习设施番茄对环境条件要求，提高学生对设施番茄产业的认识，树立绿色、生态、高效的农业发展观念。同时，增强学员对设施番茄产业的热爱，培养一批具有专业素养的农业技术人才，为我国番茄产业发展贡献力量。

任务一　番茄的形态特征

番茄植株由根（图1-1）、茎（图1-2）、叶（图1-3）、花（图1-4）、果实（图1-5）及种子（图1-6）组成。

图1-1　番茄的根　　　图1-2　番茄的茎　　　图1-3　番茄的叶

图1-4　番茄的花　　　图1-5　番茄的果实　　　图1-6　番茄的种子

一、根

番茄属深根性作物，根系较为发达，大部分根群分布在 30~50 cm 深的土层中，由主根、侧根和不定根组成，起固定植株和为地上部提供水和矿物质营养的作用。

番茄根系再生能力强，茎节上易发生不定根，扦插易成活。番茄根系的分布位置及发育状况主要与土壤结构、肥力、土壤温湿度和耕作等条件有关，也受移植、整枝、摘心等栽培措施影响，所以生产上应采取多次中耕松土、蹲苗、地膜覆盖及植株调整等措施促进根系的良好发育。

二、茎

番茄茎多为半直立性或半蔓生性，个别品种为直立性，分枝形式为合轴分枝（假轴分枝），茎端形成花芽，侧枝代替主枝继续生长。茎的分枝能力强，每个叶腋均可生长侧枝，具有顶端优势。番茄茎的表现与丰产有较大关系，为减少养分消耗，栽培上应防止植株徒长，及时进行整枝打杈。番茄茎的主要作用是支撑地上部，并成为根系及叶向植株各部分传输物质的重要通路。绿色茎也可以进行光合作用，但与叶相比仅占次要地位。

茎的生长习性可分为两大类，即无限生长型和有限生长型。无限生长型为蔓生类型，在茎端分化第一个花穗后，其下的一个侧芽生长成为强盛的侧枝，与主茎连续而成为合轴，第二穗及以后各穗下的一个侧芽亦是如此，故假轴无限生长。无限生长型番茄植株茎较软，植株高大，可达 2 m 以上，需支架或吊蔓栽培。有限生长型也称自封顶型，植株通常在发生 3~5 个花穗后，花穗下的侧芽分化为花芽，不再长成侧枝，假轴不再伸长，整个植株也就停止生长了。

三、叶

番茄叶为单叶，呈羽状深裂或全裂，每叶有小裂片 5~9 对。番茄叶片的大小、形状、颜色等因品种和环境条件而异。根据叶片形状及缺刻不同，可分为三种类型，即缺刻较深，叶片大、小叶之间距离大的花叶型；叶片宽厚皱缩，小叶排列较紧密，裂片缺柄的皱缩叶型；叶缘无缺刻，小叶大而稀少的薯叶型。番茄叶片是植株进行光合作用制造养分最重要的器官，保持适当数量的健壮功能叶片是丰产优质的重要保证。同时叶片与茎均生有绒毛和分泌腺，能分泌出有特殊气味的汁液，具有避虫作用。

四、花

番茄为两性完全花，聚伞花序，小果型品种多为总状花序，由雌蕊（子房、花柱和柱头）、雄蕊（花药和花丝）、花瓣、萼片和花梗5部分构成。属于自花授粉作物，天然杂交率为4%~10%。花序着生于节间叶腋，花黄色。每个花序上着生的花数品种间差异很大，一般5~10朵不等，主要取决于品种特性及栽培管理。开花授粉受温度、营养及管理影响，通常低于15℃或高于35℃均不利于开花、授粉。

五、果实

番茄的果实为多汁浆果，果肉由果皮（中果皮）及胎座组织构成。优良食用型品种的果肉厚，种子腔小。果实形状、大小、颜色及心室数等因品种不同而异，栽培品种一般为多心室。果实按照形状分为扁圆形、圆球形、卵圆形、桃形、牛心形、长圆形、梨形等。按照颜色分为有色果（红、粉红、黄、橙黄、白色等）和绿色果。番茄果实的红色是由于含有番茄红素，黄色是由于含胡萝卜素、叶黄素，其形成与光线照射有关，而番茄红素的形成，主要受温度影响。按照果实大小，分为大型果（200 g以上）、中型果（70~200 g）和小型果（70 g以下），其中以中型果最受消费者欢迎。

六、种子

番茄种子呈扁平、肾形，有红、黄、褐等颜色，种皮有茸毛。种子比果实成熟早，开花授粉后35 d左右的种子即具有发芽能力。平均千粒重2.7~3.3 g，种子使用年限为3~4年，若低温干燥保存，寿命更长。

【课程资源】

番茄的形态特征

任务二 番茄的生长阶段

番茄的生长阶段包括发芽期、幼苗期、开花坐果期和结果期，其各自阶段的形态特征如图1-7、图1-8、图1-9、图1-10。

图1-7 番茄发芽期形态特征

图1-8 番茄幼苗期形态特征

图1-9 番茄开花坐果期形态特征

图1-10 番茄结果期形态特征

一、发芽期

从种子萌动到第一片真叶出现（破心）为发芽期，一般为7~9 d。发芽期能否顺利完成，主要取决于温度、湿度、通气状况和覆土厚度等条件。因此，栽培上要选用较大而均匀充实的种子，并提供充足的水分及适宜的温度条件（25~28 ℃）。

二、幼苗期

从第一片真叶出现至第1花序开始现大蕾为幼苗期。正常情况下，幼苗期需要40~50 d。

番茄幼苗期经历两个不同的阶段。从破心至2~3片真叶展开（即花芽分化前）为基本营养生长阶段；从幼苗2~3片真叶展开后，开始花芽分化，进入花芽分化及发育阶段。番茄花芽分化的主要特点是早而快以及连续性。花芽分化的早晚直接影响番茄的早熟性及产量的高低。为促进花芽分化，需为幼苗创造良好条件，防止幼苗徒长和老化，必要时在2叶1心时进行分苗。

三、开花坐果期

从第一花序现大蕾至坐果为开花坐果期。此期是以营养生长为主过渡到生殖生长与营养生长同时进行的转折期，直接关系到产品器官的形成和产量，特别是早期产量。番茄属于开花和坐果陆续同时进行的植物。在适宜环境条件下，开花1 d后，萼片、花瓣就完全展开，花冠的颜色也呈浓黄色。此时，花药开始裂开。同时被花药包围的花柱不断伸长，柱头不断接触已开的花药筒，使花粉落到柱头上，完成授粉，进而完成受精、坐果的过程。开花坐果期，要促进营养生长，使植株浓绿、茎秆粗壮、根深叶茂，协调好茎叶生长，注意保花保果。

四、结果期

以第一花序果坐住到采收结束（拉秧）为结果期。结果期的长短因栽培条件不同而异，北方春季露地栽培约为70 d，现代温室栽培结果期可达9~10个月。果实的大小、成熟早晚与结果期的环境条件如温度、光照、养分、水分等有密切关系。

番茄是陆续开花连续结果作物。第一花序果实膨大生长时，第二、三、四花序也在不同程度地分化和发育，同时茎叶生长也在不断进行。这一时期各层花序及同一花序不同花（果）之间、营养生长与生殖生长之间存在着激烈的养分争夺。栽培上应通过植株调整，维持合理的叶面积，调整好秧果比例，后期应注意保持功能叶片的健壮，维持叶片的光合作用能力，以达到高产。

【课程资源】

番茄的生长阶段

任务三　番茄对环境条件的要求

番茄具有喜温、喜光、怕热、耐肥及半耐旱的习性。在春秋气候温暖、光照较强而少雨的条件下，有利于营养生长及生殖生长，产量高、品质好。在夏季多雨、高温或冬季低温、光照不足等条件下，生长弱，病害严重，产量低，品质差。

一、温度

番茄为喜温性蔬菜，耐低温能力相对较强，但不耐高温。生长发育的适温范围为 10~33 ℃。生长发育最适温度白天为 20~25 ℃，夜间为 15~18 ℃。当温度低于 10 ℃以下停止生长，在长时间 5 ℃以下的低温时常引起冷害，−2~−1 ℃番茄即可冻死。温度高于 35 ℃时，植株生长受影响，且易诱发病毒病；达 40 ℃时，植株停止生长；达 45 ℃时，发生高温危害，植株因生理干旱死亡。

番茄不同的发育阶段所需温度各不相同。

（一）发芽期

种子发芽的适温为 25~30 ℃。在 28 ℃下发芽最快，高于 30 ℃时虽出芽快，但因高温下呼吸作用过强，消耗养分过多，导致幼苗细弱，一般品种 32 ℃以上停止发芽；低于 25 ℃时出芽速度缓慢，出芽期推迟。当温度降至 11 ℃以下，种子停止出芽，且易腐烂。因此，在播种催芽时一定要注意播种床的温度。

（二）幼苗期

要求昼温 27~28 ℃，夜温 13~14 ℃。此时若温度过高，下胚轴则快速伸长，易形成"高脚苗"。若长期处于较低温度时，则秧苗生长缓慢，花芽分化提前，易形成畸形花。待真叶长出后，为促进真叶生长，昼温应控制在 22~23 ℃，夜温控制在 12~13 ℃为宜。

（三）开花坐果期

幼苗期结束，番茄进入开花坐果期，该时期温度条件对其生长极为关键。昼温以 20~28 ℃，夜间以 15~20 ℃为最适宜温度。温度过低（15 ℃以下）或过高（35 ℃以上），花芽分化延迟，易脱落，影响授粉与受精作用，从而影响坐果率和果实品质。

（四）结果期

番茄结实的最低温度为 5 ℃，最高为 35 ℃，而最适温度为 20~25 ℃。如果昼温高于 32 ℃，果实发育加快，但是容易造成落花、落果和着色不均，影响商品性状。

二、光照

番茄是喜光性蔬菜。在一定范围内，光照愈强，光合作用愈旺盛，生长愈好，产量愈高。适宜的光照强度为 3 万 ~3.5 万 lx，光饱和点为 7 万 lx。夏茬、秋冬茬前期栽培番茄遇到光照过强，温度过高且干旱，植株容易感染病毒病，或引起基叶早衰，果实也易发生日烧病，生产上要适当采取遮阴措施。冬季栽培或者遇到连阴雨雪天气，由于光照不足，易造成植株徒长，营养供应受限，开花数量少，落花落果严重，容易滋生各种生理性障碍和病害，需要采取增光或补光措施。此外，在生产上可根据光照条件进行光温协同管理，即白天光照和温度适宜，光合作用就强，制造养分多，可以适当提高夜间温度；若白天光照不足，且气温偏低，光合作用弱，制造养分少，要适当降低夜间温度，以减少养分消耗，增加养分积累，否则易造成营养不良而落花。

番茄对光周期要求不严，多数品种属中日性植物，但短时间光照不利于发育，生产上尽量增加光照时间。每天 8~16 h 的光照时间即可满足番茄正常生长和发育的需求。

三、水分

水分对番茄的影响表现为空气湿度及土壤含水量。番茄枝繁叶茂、蒸腾量较大，需水量多，属于半耐旱蔬菜。空气相对湿度要求在 45%~65%，空气相对湿度过低，会使叶片气孔关闭，发生卷叶。此时，光饱和点及二氧化碳饱和点下降，光补偿点和二氧化碳补偿点升高，致使番茄叶片光合效率降低，进而影响产量。若空气湿度过大，不仅阻碍正常授粉，而且在高温、高湿条件下长势弱，病害严重，且易落花落果。特别是在果实成熟期，若碰上连续雨天，会使果实含水量增加，果实变软，不耐贮运，同时还会引起裂果，严重影响果实商品性。

土壤湿度以维持土壤最大持水量的 60%~80% 为宜。若土壤过于干旱，不但降低了土壤微生物的活性，提高了土壤溶液浓度，而且大大妨碍了根系的生长与活动，使植株生长不良，造成大量落花。这种由于土壤干旱造成落花的现象叫作"旱崩花"。相反，土壤湿度过大、通气不良、根系生长与活动受限，也会造成大量落花，这种因土壤湿度过大而造成落花的现象叫"湿崩花"。番茄在不同生长时期对水分的需求不同。发芽期需水多，要求土壤湿度在 80% 以上；幼苗期至开花期的秧苗，不能给予过多水分，以 65%~75% 为宜，否则容易引起徒长。当植株进入果实迅速膨大期，由于茎、叶和果实同时达到最旺盛生长的时期，需水量也最多，要求土壤湿度在 75% 以上，空气相对湿度以 50%~66% 为宜。

四、土壤及养分

番茄对土壤的适应力较强，除特别黏重且排水不良的低洼易涝地、滩涂地、盐碱地外均可栽培，但以排灌方便、土层深厚肥沃、富含有机质的壤土或沙壤土适宜。土壤 pH 值以 6~7 为宜。

番茄所需养分包含两部分，即气体和营养。一是气体，包含 O_2、CO_2。番茄对土壤通气条件要求较高，当土壤含氧量达 10% 左右时，植株生长发育良好，土壤含氧量低于 2% 时植株枯死。栽培上适当提高空气中 CO_2 浓度会显著增加产量。二是营养，即氮、磷、钾等矿质营养元素。番茄属喜钾蔬菜，在氮、磷、钾三要素中以钾的需要量最多，其次是氮、磷。在结果期，氮、磷和钾需求比例为 1∶0.3∶1.8。此外，还需要硫、钙、镁、锰、锌、硼等元素。番茄在不同生育期、不同栽培方式下对营养的需求是有差异的。在生产中提倡增施有机肥，让有机肥和化肥合理配施，不仅有利于增产增收，还能减轻病毒病等病害的发生。

【课程资源】

番茄对环境条件的要求

练习与思考

1.试述番茄产业的作用及价值？

2.现阶段我国设施番茄产业发展如何？面临的问题及解决对策有哪些？

3.宁夏设施番茄产业发展现状如何？如何加强"宁夏番茄"品牌建设？

4.试述番茄品种分类。

5.试述番茄主要栽培季节和茬口类型。

6.番茄生长阶段分为哪几个时期？

7.番茄对温度、光照的要求有什么特点？

8.试述番茄形态特征与栽培技术的关系。

模块二 设施番茄育苗技术

（9 学时，理论 7 学时、实训 2 学时）

项目一 设施番茄育苗技术

【学习目标】

1. 知识目标：了解目前设施番茄育苗技术，能操作生产中常用的育苗技术。

2. 能力目标：掌握并熟练操作设施番茄育苗技术，有助于更好地进行设施番茄的生产。

3. 素质目标：培育壮苗对于番茄产量具有极其重要的意义，通过熟悉育苗技术，有助于更好地进行生产管理安排。

任务一 番茄常规育苗

番茄生产中的育苗方式多样，且具有地域性。按照设施类型划分，有露地育苗、冷床（阳畦）育苗、温床育苗、温室育苗以及塑料棚育苗；按技术方法分类，有常规育苗、嫁接育苗、扦插育苗和工厂化育苗，其中常规育苗和嫁接育苗在生产中应用最为广泛。常规育苗又包含穴盘育苗、营养钵育苗、苗床 / 苗畦育苗等，当下生产中的常规育苗多指穴盘育苗，因其操作简便、能保护根系、便于管理，还可提高苗室利用率与出苗率，利于培育壮苗，所以被广泛采用。

一、穴盘

番茄育苗可选用聚乙烯塑料穴盘或聚苯泡沫穴盘，有 72~128 孔。穴孔大小对幼苗生长影响很大，穴孔大则容积大、基质多，通气性佳，pH 值稳定，利于促进幼苗生长，缩短生育期；穴孔小虽然生产成本低，但基质容积小，基质通气性差，含水量高，盐类累积很快，生长易受到阻碍，育苗技术难度较高。因此，番茄穴盘育苗，以 72 穴为宜，孔径为 4.0 cm × 4.0 cm。

二、基质

适合番茄穴盘苗生长的基质应具备保肥保水力强、透气性佳、容重较小，成本低等特点。

（一）物理特性

基质容重处于 0.3~0.8 g/cm³，能保证基质既有一定的支撑力，又便于根系生长穿透。总孔隙度 65% 左右，通气孔隙度 15%~20%，利于气体交换和水分储存，使根系既能获得充足氧气，又不会因积水导致烂根。电导率 ≤ 0.75 mS/cm，可防止基质中盐分过高对幼苗产生毒害。最大持水量不低于 140%，能维持基质的保湿能力，确保幼苗在合适的湿度环境下生长。基质中的液态含量在 40% 以上、气体含量保持在 10%~30%，以及 pH 值为 6~7，共同为幼苗营造了适宜的生长环境。此外，无病原菌、虫卵和有害物质，可含益菌群，有助于减少病虫害发生，促进幼苗健康生长。

（二）营养成分

初始基质的营养水平以氮 40~60 mg/kg、磷 40~60 mg/kg、钾 40~60 mg/kg，中微量元素适量为宜。电导率为 1.5~1.8 mS/cm（1：2 稀释法）。

（三）原料来源

配制基质一般就地取材，选择草、蛭石和珍珠岩等。草炭直径为 1~8 mm，蛭石直径为 3~5 mm。常用的育苗基质配方为草炭：蛭石：珍珠岩为 6：1：3 或 5：1：4（体积比，下同），或菜园土：腐熟厩肥为 6：4，或腐熟羊粪：草：珍珠岩为 1：1：1，或蚯蚓粪：蛭石为 2：1。

（四）消毒灭菌

基质、穴盘、播种用具、设施大棚、拌料操作场地等要消毒灭菌。

设施大棚消毒灭菌。设施大棚使用前要用硫黄烟熏消毒，每 1 m² 用量为 15~20 g，点燃焚烧，密闭 12 h 后再打开通风换气。也可用高锰酸钾 + 甲醛消毒，按 2 000 m² 温室标准，用 1.65 kg 甲醛加入 8.4 kg 开水中，再加入 1.65 kg 高锰酸钾，产生烟雾，封闭 48 h 后打开，散尽气味后使用；或选用高温闷棚法，选择夏季闲时连续晴好天气，密闭棚室 2 周以上，保持最高温度在 55 ℃ 以上，有效杀灭棚室内病原菌、害虫及虫卵。

拌料操作场地消毒灭菌。拌料场地使用前宜使用高锰酸钾 2 000 倍液或 70% 甲基硫菌灵可湿性粉剂 1 000 倍液喷洒灭菌。

穴盘和播种用具消毒灭菌。新穴盘和其他播种用具可以直接使用，旧穴盘、农具使用前用福尔马林100倍液喷洒，然后用地膜覆盖密闭4~5 d后揭膜，让甲醛挥发后即可使用；或用高锰酸钾2 000倍液浸泡10 min，2%次氯酸钠水溶液中浸泡2 h后用清水冲洗干净，晾干备用。

基质消毒灭菌。在混配基质时或基质加水时加入杀菌剂，可用60%代森锰锌和50%多菌灵400倍溶液，均匀喷洒在基质上。

三、播种

（一）种子处理

1. 浸种

浸种的方法很多，番茄主要采取温汤浸种和药液浸种。温汤浸种的方法是：将种子盛在纱布袋中，置入50~55 ℃的温水中，不断搅拌种子20~30 min，随后让水温逐渐下降或转入25~30 ℃的温水中继续浸泡4~8 h，除去秕籽和杂质，用清水将种子上的黏液洗净，待种子风干后播种。药液浸种应有针对性地为预防某种病害而选取相应的药剂。如果是防治番茄早疫病，先用温清水浸种3~4 h，再浸入福尔马林100倍液中，20 min后捞出并密闭2~3 h；或用1%高锰酸钾、10%磷酸三钠、2%氢氧化钠、1%硫酸铜等药剂水溶液浸20 min取出，用清水冲洗干净再催芽或播种。

2. 催芽

催芽分为播前催芽和播后催芽，可按照种子量的多少选择催芽箱、恒温催芽箱和其他简易催芽器具等进行催芽。播前催芽即先催芽后播种。催芽过程中，温度控制至关重要，番茄种子催芽适宜温度为25~28 ℃，同时需注意调节湿度和进行换气。为保证氧气和适宜的水分，应每隔6 h左右翻动1次，并根据干湿程度补充一些水分，必要时可进行冲洗，以清除种子表面上的黏质。在这样的催芽条件下，番茄种子经2~3 d，70%的种子露芽时即可播种。播后催芽是指播种后将播种盘放在适宜环境催芽。生产中一般在播种覆土后，将穴盘置于苗床上，盖一层地膜保湿，当种芽伸出时，及时揭去地膜。也可将穴盘错开垂直码放在发芽室中，覆盖一层白色地膜保湿，并经常向地面洒水增加空气湿度，控制催芽温度与湿度。催芽时间随温度而不同，一般白天保持在25~30 ℃，夜间保持在20~25 ℃，催芽需要3~4 d。

（二）基质装盘

基质装盘前每立方米育苗基质中加入1~1.5 kg三元复合肥，调节基质含水量至55%~60%，即用手紧握基质，有水印而不形成水滴，并堆置2~3 h使基质充分吸足水。

将备好的基质装入穴盘中，用刮平板从穴盘的一端向另一端刮平，使每个穴孔基质平满且清晰可见。

（三）播种

每亩栽培田一般用种量为25~30 g。将装满基质的穴盘排放在苗床上，喷透水。使用压穴器或码盘方式，在穴盘孔上均匀用力压穴，穴深0.5 cm。采用人工或者机械点播，每穴播种1粒种子，种子位于播种穴中央。

播种覆盖：在低温季节较佳的覆盖材料宜用蛭石，高温季节宜用珍珠岩。生产上通常采用育苗基质或者土壤直接覆盖，厚度为种子直径的2~3倍，将覆盖好的穴盘喷至穴盘渗出水即可。

（四）出盘

播后催芽需要进行出盘处理。在催芽期间，于每日上下午检查种子萌发程度。在胚根超过0.5 cm之前，停止催芽，并将穴盘移入苗床浇水，进行光照处理，避免徒长及根系土基质密合变差，影响种苗品质。

四、管理

温度管理是番茄穴盘育苗的核心，其次是湿度管理。生产管理上应注意保持秧苗较佳的营养生长，预防病毒病、立枯病等病害发生，培育优质壮苗。

（一）温度管理

夏秋育苗应去掉大棚围裙膜，采用棚顶盖遮阳网降温。冬春育苗采用地热线、暖风机等加温措施增温。

出苗期：从播种至子叶微展，约需3 d，此期主要是为了促进苗快而整齐，重点是保温，白天温度控制在25~30 ℃，夜间在20 ℃左右。

破心期：从子叶微展至第一片真叶展出，约4 d。为了促进长根，且不形成高脚苗，主要采取"控"的措施，即温度、湿度2个因子一起控。在确保冬春秋苗不受冻的情况下，除了控水控肥外，还应注意控温，多见阳光。夏秋可采取遮盖苇箔或遮阳网降低地温、气温，白天保持20~25 ℃，夜间保持在12~16 ℃，拉大昼夜温差，温差宜在10 ℃左右，控制浇水，降低床土温度。此外，发现植株有徒长迹象，应及时调控棚内温度，避免温度过高，同时遇秧苗拥挤时应及时间苗。

旺盛生长期：幼苗2~4片真叶后进入快速生长期，也是花芽分化期。应采取促控结合的管理措施，控制适宜的温度，促进叶片发生和花芽分化同时进行，昼夜气温分别为20~25 ℃、12~15 ℃，如果有徒长趋势，可短时间将夜间温度降至

8~10 ℃，时间不宜过长，一般 3~4 d。定植前 7~10 d 进行降低温度炼苗，设施大棚温度与育苗的温度相当时，为了防止低温影响花芽分化，造成前三穗出现畸形果、裂果、空洞果等，可以不低温炼苗。

（二）光照管理

番茄对光照比较敏感，光饱和点为 7 万 lx，光补偿点为 2 000 lx，正常生长发育需要的光照强度为 3 万 ~3.5 万 lx，生产中尽可能增加光照强度和光照时数。夏秋育苗须采取遮阴措施，防止强光灼伤幼苗，于晴天每天 15 时后和阴雨天要揭去灰色或黑色遮阳网。冬春育苗，日光温室等设施上的保温被、草帘等要早揭晚盖，在阴雨天也应揭开。增加棚内光照，也可挂反光幕，或配以植物补光灯补充光照。

（三）湿度管理

主要包括空气湿度和土壤湿度。灌溉水要求优良，不能施用硬水及含重金属、有毒离子及微生物的污水。穴盘育苗供水需均匀，以喷灌和人工补水相结合。为保持基质湿润，在床温不过高的情况下，一般不宜揭除覆盖物。受制于穴盘规格，幼苗生长难免因遮蔽光线及湿度不均造成生长不齐，因此在维持正常健壮生长及防止幼苗徒长之间，水量的平衡供应是重要的。通常育苗期间应保持基质湿润，不需要控水，基质相对含水量以 80%~90% 为宜。要根据基质湿度、天气情况和秧苗大小来确定浇水量。阴天和傍晚不宜浇水，更不宜等到秧苗萎蔫再浇水。在秧苗生长初期，基质不宜过湿，秧苗子叶展平前尽量少浇水；子叶展平后供水量宜少，晴天每天浇水，少量浇水和中量浇水交替进行，基质宜见干见湿；秧苗 2 叶 1 心后，中量浇水与大量浇水交替进行；需水量大时可以每天浇透。

定植前 7~10 d 控水促根生长，定植 1 d 浇透水，以利起苗。在遵循以上浇水原则的前提下，高温季节浇水量加大甚至每天浇 2 次水，低温季节浇水量减少，浇水后要适当通风降低湿度。灌溉用水的温度宜在 20 ℃ 左右，低温季节水温低时应当先加温后浇施，每次浇水前应先将管道内温度过高或过低的水排放干净。空气相对湿度应保持在 60%~70%，可通过洒水、喷雾等措施增加湿度，通过通风等措施降低湿度。

（四）养分管理

穴盘育苗宜用全溶性全营养肥料，如氮磷钾为 20-20-20 水溶肥、15-15-15 复合肥。每次浇水时施肥，肥料随水施入，宜在早上见光 1~2 h 进行。高温季节育苗时，肥料浓度宜低，自子叶展平开始施肥。低温季节育苗时，肥料浓度宜提高。此外，在番茄 3 片真叶后，叶面适量喷施 0.1%~0.2% 磷酸二氢钾溶液 +0.2% 尿素溶液。

（五）株形控制

主要是控旺防徒长，培育壮苗。待真叶长度达到 1 cm 时，可喷施 10 mg/L 多效唑，3~4 d 后看具体情况喷 15 mg/L 多效唑，以叶面有一层均匀水雾为宜，不可成滴流下。在秧苗中后期可通过控制水分降低温度，以控制株高，增加茎粗，也可叶面喷施叶面肥。

五、成苗标准

秧苗健壮，株顶平而不突出，株高 20 cm 左右；茎秆粗壮，茎粗 0.4~0.6 cm，节间短；5~6 片真叶，叶色深绿；第一花序现蕾但未开放；根系发达、侧根数量多，呈白色，根毛无损伤；无病虫害；无老化苗，无僵苗。

六、育苗常见问题

（一）带帽出土

"带帽苗"是指种子出苗时没有将种壳留在土内，而是把种壳夹着子叶一起出土。这种带帽叶降低了叶片光合效率，影响幼苗生长。产生原因主要有：①种子自身的原因，种子成熟度不够、生命力低，贮藏过久，种壳受病虫等危害，使种子的生命力降低，出土时无力脱壳，从而发生带帽现象；②播种后覆土或基质太薄、太轻，压力太小，也会使幼苗带帽出土；③灌水不及时，导致表土过干，抑制出苗。针对"带帽苗"，可选用当年饱满无损质量好的新种子或存放 1~2 年的陈种，播后覆土或基质厚度要适当，不宜太轻太薄，浇水要及时充足；出苗期若发现种子带壳，可采取喷水软化、人工辅助脱壳，或均匀喷洒一遍水后再覆盖层土或基质，帮助种子脱壳。

（二）出苗不齐

出苗不齐包括同一育苗床同一部位穴盘出苗不一致，同一育苗床不同部位出苗不一致。一是由于种子原因，种子品质差，如成熟度不一致、新陈种子混杂、催芽不均等都会使发芽不齐；二是育苗架不平或喷水不均匀，以及设施大棚内各区域温度、湿度、光照不均都会导致出苗不齐；三是播后覆土或基质厚度不一致，或者育苗基质含有未完全腐熟的有机肥等，也会导致出苗不齐。在播种前要精选种子，保证催芽整齐一致，做好育苗基质消毒灭菌，平整好苗架（床）等。如果育苗室环境不一致，可以采用挪盘方式，保证秧苗生长整齐。

（三）高脚苗

番茄苗徒长形成"高脚苗"，表现为茎细弱、节间长、叶薄淡绿、叶柄长，有的子叶以下纤细瘦弱，子叶以上粗壮，抗病力及抗逆性差，光合水平低，定植后缓苗慢，成活率低。主要原因是基质湿度过大、光照不足及温度过高。为避免"高脚苗"应采取以下措施：①根据育苗季节确定穴盘的浇水量，避免浇水后穴盘内长时间保持较高的基质湿度，低温期少浇水，高温期可适当多浇水；②保证苗床充足的光照，保持薄膜洁净，提高透光率，增强光照，冬春育苗可以进行人工补光；③适当拉大昼夜温差，适当降低夜温，以白天 25~30 ℃、夜间 14~15 ℃为宜，中午温度过高时可适当覆盖遮阳网；④可用生长抑制剂控制徒长，如喷施 2 000~4 000 mg/kg 的比久溶液。

（四）老化苗、黄化苗、僵化苗

老化苗表现为生长缓慢或停滞，根系老化生锈，茎矮化，节间短，叶片小而厚，叶色深暗无光泽，组织脆硬无弹性，定植后发芽慢、长势弱、产量低，如有"花打顶"现象，也称为小老苗。主要与基质过干，地温过低，苗龄过长，营养不足，水分控制过严，炼苗过度等有关。在栽培上做到合理浇水，适宜控温，避免蹲苗、炼苗时间过长。可以喷洒 10~30 mg/kg 的赤番紫溶液，或喷施叶面宝等促进生长。

黄化苗表现为育苗从子叶就开始黄化，然后扩至全株叶片，生长停滞。严重时叶片枯黄脱落，顶叶变皱缩卷曲，近根基部长出不定根，地下根腐败变褐，无新根发生。主要与基质湿度过大，根系缺氧有关。育苗期浇水要适量。

僵化苗表现为苗叶小、色深，基细、节短，生长缓慢，根系少等。主要原因是苗龄过长，秧苗长期处在低温、施肥不足、干旱环境中生长等。为防止秧苗僵化，管理上保证适宜的温度和水分，避免基质营养不足和烧根，根据苗情和天气情况适度炼苗，还可喷 10~30 mg/L 的赤霉素。

（五）闪苗和闷苗

闪苗是指秧苗因无法迅速适应温湿度的剧烈波动，致使体内水分急剧散失，进而出现叶缘上卷、叶片干枯，甚至干裂的现象。闷苗是由于设施大棚升温过快、通风不及时所造成的秧苗凋萎现象。前者是因通风过于剧烈或寒风突然入侵，使得苗床内空气交换速度加快，进而导致床内温湿度急剧下降，引发寒害。后者是连续阴雨天气，苗床低温高湿、弱光下幼苗瘦弱，抗逆性差，当天气骤然转晴后，幼苗因无法适应突然变化的光温条件，从而出现光温害。闪苗和闷苗与幼苗质量、温度、空气湿度都有关系。如果苗床或畦内长期不通风，大棚保温，湿度大，幼苗生长过嫩，这时突然通风，外界温度较高，空气干燥，幼苗会因突然失水而出现凋萎，叶细胞由于突然失水过度，很难恢复，轻者叶片边缘或网脉之间叶肉组织干黄，重者整个叶片干枯，会引发闪苗。如果设施大棚温度上升过快过高，通风不及时而造成叶片烧伤，会引发闷苗。生产中可采用培育壮苗、加强通风管理等措施。危害较轻时，可在幼苗稳定后，根据情况适量喷水，或用磷酸二氢钾溶液叶面肥，或用100~300倍的食醋液，然后用百菌消或甲基硫菌灵等广谱性杀菌剂防止受伤后感病。

（六）寒根、沤根、烧根

寒根是指由于苗床地温太低，造成根系生长受限及根系生长不良的现象。可采取提高地温的措施。沤根是营养土或育苗基质中水分含量过高，通气状况不良，且温度偏低，导致根系颜色变黄，表皮出现腐烂的现象。育苗管理过程中应保持适宜的温度，加强通风排湿，控制浇水量，增加通透性，特别是在连阴天不浇水。烧根是由于施肥过量（特别是氮肥），基质干旱，或施用未腐熟的有机肥而对秧苗根系造成伤害，表现为根尖发黄，须根少而短，不发新根但不烂根，地上部叶片小，叶面发皱，叶色暗绿，边缘焦黄，植株矮小，严重时秧苗成片死亡。防治措施：营养土或基质尽量少用或不用化肥，有机肥需充分腐熟；应视苗情、墒情和天气情况，适当增加浇水量和浇水次数，降低土壤溶液浓度，或者换育苗基质、营养土。

【课程资源】

番茄常规育苗

任务二　番茄嫁接育苗

嫁接育苗是把要栽培番茄的幼苗、苗穗（即去根的番茄苗）或从成株上切下来的带芽枝段，接到另一野生或栽培植物（砧木）的适当部位上，使其产生愈合组织，形成一株新苗。

一、嫁接育苗作用

一是增强抗病性，降低农药污染。在设施大棚连作重茬的地块栽植嫁接苗，嫁接苗不以自生根而是从栽培介质中吸收营养，避免了土传病害虫害的侵染，同时由于嫁接苗生长旺盛，抗逆性增强，能有效减轻基叶等部位的病害发生。如嫁接后能防止或减轻番茄根腐病、根结线虫病等病害的发生，有效减轻了农药的污染和番茄产品的农药残留。

二是提高肥水利用率，节水减肥。嫁接苗利用砧木根系发达，吸收能力强的特点，提高了土壤肥水的利用率，降低水肥用量。

三是增强抗逆性，改善品质产量。嫁接砧木野生性较强、根系发达，生长势强、植株健壮，能提高番茄抗低温、干旱、盐碱等的能力，也可以有效延长结果期，缩短了果实生育期，产量增加较为明显，一般可增产20%左右。同时，还能改善果实的风味，如番茄涩味等。此外，嫁接育苗技术幼苗成活率高，能实现多种蔬菜地上地下双收获。

二、砧木要求

选择嫁接砧木时，一是重点考量砧木与接穗的亲和性。应挑选与接穗亲和力高的砧木，一般而言，砧木与接穗的亲缘关系越近，亲和力就越强，嫁接后愈合成活的概率也越高。二是选择高抗砧木且抗性稳定。应根据抗病、抗逆（低温、高温、高湿、盐碱）等特性不同，选用相应的栽培季节和栽培形式的砧木，砧木的抗病和抗逆能力对蔬菜品质具有重要的影响。三是提高产量，不影响番茄果实风味品质。嫁接后不改变果实的形状、色泽、口感、风味，不出现畸形果等。此外，不影响植株的生长势，也不造成植株徒长。

三、常用的砧木品种

目前番茄嫁接栽培所用砧木主要是抗病野生番茄、野生茄子和其他茄科类植物，品种数量较少，主要砧木品种有以下4种。

（一）板砧 2 号

根系发达，对根结线虫免疫。叶色浓绿，长势极强，与番茄各栽培品种嫁接亲和性极好，嫁接后番茄综合抗性强，可作为各茬口番茄栽培嫁接砧木。

（二）托鲁巴姆

属野生茄子类砧木品种。根系发达，对根结线虫、青枯病免疫。叶色浓绿，长势极强，与番茄各栽培品种嫁接亲和性极好，嫁接后番茄综合抗性强，可作为各茬口番茄栽培嫁接砧木。

（三）宝砧 1 号

植株生长旺盛，茎秆粗壮，高抗青枯病。嫁接亲和力和配合力极强，可作为冬春茬设施番茄栽培嫁接砧木。

（四）曼陀罗

属野生茄科类植物。根系发达，对根结线虫免疫。叶色浓绿，长势极强，与番茄各栽培品种嫁接亲和性极好，嫁接后番茄综合抗性强，可作为各茬口番茄栽培嫁接砧木。

四、穴盘的选择

嫁接育苗须选用标准穴盘，砧木播种选择 72 孔穴盘，接穗播种选择 128 孔穴盘。

五、基质

参阅番茄穴盘育苗技术。

六、播种

（一）种子处理

砧木种子成熟后一般具有极强的休眠性，发芽困难。可以用 100~200 mg/kg 赤霉素，在 20~30 ℃条件下浸泡 24 h 左右即可打破休眠，用清水冲洗后即可催芽。注意赤霉素的使用浓度不宜过高，否则容易造成出芽后的徒长，如果温度过低会影响处理结果。可采用变温催芽，在 15~20 ℃条件下催芽 16 h，在 30 ℃左右条件下催芽 8 h，经 8~10 d 基本出芽。

（二）播种时间

嫁接番茄育苗时间要比正常育苗时间提早 20~25 d。注意砧木的播种期比接穗播种期应适当提早。在一般情况下，板砧 2 号早播 5 d 左右，托鲁巴姆早播 25 d 左右，曼陀罗早播 5~10 d。接穗和砧木播种比例是 1∶0.75。播种方法参阅番茄穴盘育苗技术。

七、嫁接

嫁接前 1 d 或当天对砧木苗和接穗苗喷 1 次 50% 多菌灵或 75% 百菌清等保护性杀菌剂，然后再进行嫁接，以防止嫁接后高温高湿条件下病害的发生。

（一）劈接法

当砧木具 6~7 片真叶、接穗具 4~5 片真叶、茎粗达到 5 mm 时，选择阴天或晴天 15 时后进行嫁接。沿砧木中间劈下 1.2 cm，选茎粗与砧木相近的接穗苗倒拿，在顶芽下第 2 片真叶下方，向下斜切一刀，切口长 1.2 cm，再在背面斜切一刀，切口长 1.0 cm，将接穗插入砧木切口，用嫁接夹夹好。接穗叶子过长的要切去一半。

（二）斜切套管嫁接法

接穗有 2~3 片真叶、苗高 10~12 cm，砧木有 3~5 片真叶、苗高 12~14 cm 时嫁接。先用消毒好的刀片在接穗第一片真叶下方 7~10 cm 处将接穗向下斜切，去掉下部，其切线与轴心线呈 45° 角，要求切面平滑。接着迅速套上 1~1.5 cm 的套管，套管要求套入接穗 1/2 左右。然后用刀片将砧木离根系 10~12 cm 以上的真叶向上斜切，去掉上部，其切线与轴心线呈 45° 角，要求切面平滑。再迅速与接穗套管对接，要求接穗和砧木斜面紧密对齐，以利伤口愈合。

（三）贴接法

当砧木、接穗 5~6 片真叶时即可嫁接。将砧木苗第二片和第三片真叶之间用刀片斜切一刀，削成呈 30° 的斜面，切口斜面长 0.6~0.8 cm，砧木苗下部留两片真叶。接穗苗上留 2 叶 1 心，将接穗苗的茎在紧邻第三片真叶处用刀片斜切成 30° 斜面，斜面的长度在 0.6~0.8 cm，尽量与砧木的接口大小接近。将削好的接穗苗切口与砧木苗的切口对准，贴合在一起，用方口夹子夹住嫁接部位即可。

（四）接穗多芽嫁接法

一般采用劈接法，既能防治根结线虫、青枯病，又可降低用种成本 1/3~1/2。在接穗 4~5 片真叶、砧木 5~6 片完全真叶时，砧木留基部 2 片真叶，于第二片真叶上 1.5 cm 处去顶，切口要平齐，然后在茎切口处的中央垂直下切 1~1.5 cm。接穗留顶部 2 叶 1 心切取，接穗下端两边各削 1 刀，削成"V"字形，将接穗小心地插入砧木的切口中，使接穗形成层与砧木的形成层相吻合，然后用嫁接夹固定。一般条件下 10~15 d 后，腋芽达到接穗标准再切取嫁接，将腋芽培育成结果主秆。采取该方法，接穗可利用主芽和腋芽 1~2 个即嫁接育成 2~3 株生产用苗。

八、嫁接后管理

（一）温度管理

嫁接后 7~10 d，昼温在 23~28 ℃，夜温在 18~20 ℃，最好不要超过 30 ℃和低于 15 ℃。

（二）湿度管理

嫁接前、嫁接后前 3 d 保持棚室湿度在 90%~100%，4~6 d 适时通风，每天 1~2 次，清晨或傍晚均可。揭膜通风时间一般在 15~20 min，视叶片干爽为宜，要先小后大，防止苗床内长时间湿度过高造成烂苗，以通风后嫁接苗不萎蔫为宜，通常保持湿度为 85%~95%。

（三）光照管理

嫁接后的管理技术指标为：嫁接后前 3 d 可完全遮光或早晚光弱时见光，4~6 d 四周见散射光，7~9 d 仅中午遮光 2~3 h，10 d 后恢复正常管理。

（四）成活后管理

10 d 后嫁接苗开始生长，转入正常管理阶段，及时摘除砧木的腋芽，拔除未成活苗和感（病）染苗。白天温度控制在 25~27 ℃，夜间在 15 ℃左右。育苗基质或土壤湿度以见干见湿为原则。当发现表土已干，中午秧苗有轻度萎蔫时，要选择晴天上午适量浇水，水量不宜过大。定植前 5~7 d，要加强通风，降低温度进行炼苗，当嫁接苗 5~8 片真叶时可以定植。

九、壮苗标准

嫁接苗嫁接后愈合良好，生长健壮，茎粗 0.6~0.8 cm，有 5~8 片真叶，整齐，根系发达，无检疫性病虫害。

【课程资源】

番茄嫁接育苗

任务三　番茄扦插育苗

利用番茄具有较强的分枝和发生不定根的能力，进行番茄侧枝扦插育苗。此法育苗时间短，只需 20 d 左右即可定植，坐果早，且比播种育苗要提早 20 d 上市。可节约育苗成本，包括种子、人工等费用。育成的苗根系健壮，生长势和抗逆性较强，丰产稳产。

一、苗床设置

在日光温室中选择光照条件好、温度稳定的地段做苗床，苗床宽 1.2 m、长 5 m、土埂高 20 cm（定植每亩需要苗床 60 m²），然后将床底搂平踏实。苗床土配制：取大田土 6 份，腐熟的有机肥 3 份，炉灰或河沙 1 份，混合拌匀过筛，或用河沙、草炭、细炉渣以 1：1：1 比例配制床土，按 1 m³ 苗床土加入尿素 2 kg、磷酸二氢钾 1 kg、50% 百菌清可湿性粉剂 30~50 g 或加入 65% 代森锌可湿性粉剂 50~60 g，拌匀后焖 48 h 后铺入苗床内，厚度 15 cm，搂平后，扣好小拱棚提高苗床地温（有条件使用地热线更好），以备扦插。

二、扦插

（一）扦插枝的选取

从生长势强、抗逆性强的番茄植株上选取即将现蕾的侧枝。通常第一花序坐果后至收获期内都可选用侧枝，但以第一花序下的侧枝为佳。以侧枝长度达 8~12 cm、具有 3~5 片叶时采集为宜，方法上可结合整枝选留和培养。作为扦插枝的侧枝要无病，生长健壮，叶色深绿，节间短而均匀，茎粗 0.3~0.5 cm，具有 4~5 节，生长点完好。

（二）扦插枝的处理

摘除已现蕾的花序，将较大的叶片切除 1/2，同时剪去下部的叶片，留 4 片叶左右，下端切口要求平滑，放在室内晾 3~5 h，使伤口尽快愈合。然后将扦插枝下端 2~3 cm 浸入 50 mg/kg 的萘乙酸溶液中，浸泡 10 min，或在 20 mg/L 的 ABT 溶液中浸泡 2~3 h，取出后用清水冲洗，准备扦插。也可不用任何药剂做处理，也能成活，但发根慢，成活率低。

（三）扦插方法

将处理好的枝条，按（10~12）cm ×（10~12）cm 一枝插到苗床上，深度 4~5 cm，扦插后适当压实床土，浇足水，扣好小拱棚。

三、扦插后管理

（一）温度管理

扦插后经伤口愈合，白天温度保持在28~30 ℃，夜间在17~18 ℃，气温超过30 ℃时遮阴降温，地温保持在18~23 ℃。扦插15 d后，待萌发新根转入正常管理，白天保持在25~28 ℃，夜间在12~15 ℃，地温保持在8~23 ℃。定植前1周，进行低温炼苗。

（二）肥水管理

扦插后不能通风，保持空气相对湿度在85%以上，防止枝叶萎蔫。湿度低时及时向苗床喷洒清水，以苗床表层土壤不干、也不积水为最好。生根期追施尿素、磷酸二氢钾、红糖各0.1%的混合溶液1次，后期追施叶面肥2次，注意控制秧苗徒长。若发现有徒长，可喷施微量多效唑。

（三）通风和光照管理

前期以保温保湿为主，光照强烈、气温超过30 ℃遮阴，遮光率以50%~60%为宜，密不通风时，防萎蔫；中期可增加光照时间和强度，并适量通风，轻微萎蔫及时喷清水，较重时遮阴；后期则完全撤去小拱棚，不再遮阴。

（四）病虫防治

选取的侧枝较健壮，一般无须农药或喷洒保护性杀菌剂。如有白粉虱，可以挂黄色粘虫板诱杀，或用吡蚜酮、噻虫嗪、啶虫脒、扑虱净、螺虫乙酯等药剂在傍晚喷雾防治，效果较为理想。注意交替用药，减轻害虫抗药性的产生。若发现猝倒病病苗，应立即拔除，并喷洒25%甲霜灵可湿性粉剂800倍液，或64%杀毒矾可湿性粉剂500倍液，或70%安泰生可湿性粉剂500倍液，或72.2%普力克水剂400倍液，每7~10 d喷1次，连续2~3次。要及时抹除腋芽，促使苗壮。

【课程资源】

四、成苗

扦插25~30 d后，扦插枝已形成健壮的秋苗，根长达5 cm，第一穗花序部分开花时成苗，可以进行定植。

番茄扦插育苗

任务四　工厂化育苗

工厂化育苗又称快速育苗，是利用育苗工厂人为控制催芽出苗、幼苗绿化、成苗和秧苗锻炼等各阶段的环境条件，按规定流程育苗。其特点是育苗时间短，产苗量大，秧苗素质好，适于大批量商品化的秧苗生产。

一、育苗设施及设备

目前国内大部分地区工厂化育苗设施还比较简陋，多是利用塑料大棚或简易温室加以改造而成，管理和环境控制仍以手工操作为主，其机械化、自动化和秧苗商品化程度仍然较低。极少数地区则是引进和建造机械化、自动化水平高，温度、光照、湿度等自动调控的智能温室进行育苗。

工厂化育苗的设施设备主要有催芽室、绿化室、分苗棚（室）、育苗盘等。

（一）催芽室

催芽室为种子浸种、催芽、出苗用的密闭场所。该室一般用砖和水泥砌成，室内可放 1~2 辆有多层苗架的育苗车，或设多层育苗架，每层间距 15 cm。

（二）绿化室

绿化室是供幼苗子叶绿化及生长的场所。绿化室通常采用采光良好的日光温室或塑料大棚。在具备条件的地区，会选用智能温室作为绿化室，从催芽后到定植前，幼苗均在智能温室内完成绿化及成苗过程。智能温室有自动调控温度、湿度、光照的设备，并有活动式的育苗床架，其上摆放育苗盘。

（三）分苗棚

分苗棚（室）是供分苗或移苗后育成大苗的场所，可以大棚或日光温室作分苗棚。低温季节育苗时，苗床上扣小拱棚，夜间加盖不透明覆盖物（草苫等）保温。现代化智能温室育苗中采用穴盘育苗，中间无分苗过程，直接在穴盘中一次性育成苗，故不需要分苗棚。

（四）育苗盘

育苗盘长宽为 40 cm×30 cm，高 5~6 cm。每个催芽室一次可放育苗盘上百个，可供 10 亩茄果类蔬菜田用苗。目前国内市场上的穴盘类型较多，生产上培育番茄可选用 72 孔。

二、育苗基质

育苗基质的主要作用是固定秧苗根系，为秧苗的生长提供支撑。育苗基质应具有较大的孔隙度，化学性质稳定，对秧苗无毒等理化性质。常用的基质材料有蛭石、草炭、炭化稻壳、珍珠岩、沙、小砾石、炉渣等。但炉渣须先用硫酸或盐酸浸洗去有害物质，然后用清水洗净才可使用。利用草炭与蛭石混合物或稻谷壳与稻谷灰混合物或炭化稻谷壳，有利于移植带根和护根，是很好的育苗用基质。

三、营养液

育苗营养液必须具备氮、磷、钾、钙、镁、硫、铁、锌、锰、铜、硼、钼、氯、钠 14 种大量元素与微量元素。无土育苗所使用的化肥和药品及配方有几十种，但常用的无土育苗配方主要有克诺普配方、霍格兰配方等，这些配方中大量元素肥料种类比较集中，差异较小，微量元素肥料及含量可以通用。

配制营养液应注意以下 3 点。

（1）选择合适的水源。配制营养液的水源最好为软水，不含有害物质，未受污染。

（2）调整合适的 pH 值。营养液的 pH 值直接影响作物对养分吸收及养分的有效性，因此配制和使用营养液时，应对 pH 值进行调整，一般应调至 5.5~6.6。

（3）调整合适的电导率值。不同蔬菜作物的耐盐能力不同，因此营养液要调整至一定的电导率值，过高不利于幼苗的生长发育。多数蔬菜作物育苗期适宜的电导率值为 0.5~1.5 mS/cm。

四、育苗方法

以下以育苗盘育苗法为例，简述无土育苗技术。

（一）育苗基质准备

目前大规模的商品化育苗采用的是草炭∶珍珠岩∶蛭石 =6∶3∶1 的体积比均匀混合。有些基质，特别是混配基质或使用过的基质，在使用前要进行发酵处理和杀菌消毒处理，以免育苗过程中烧根、烧苗或遭受病虫危害。机械化消毒是将混配基质放入消毒机高温杀菌消毒，温度控制在 80 ℃，杀菌时间控制在 10~15 min。没有消毒机的可采用药剂消毒，每立方米基质加多菌灵 200 g，混合均匀后密封5~7 d。拌匀后的基质水分，应以手抓起握紧后指尖微微滴水为宜。

（二）装盘、压穴

把配好的基质装在穴盘内，用木板刮平穴盘表面，然后用同型号穴盘 3~4 个重叠起来作为压穴器，在装好基质的穴盘上压穴。有条件的可利用播种生产线上的打孔器，调整至适宜打孔深度打孔。

（三）播种

用专用的真空吸附式精量播种机播种或人工播种，每孔播1粒种子。

（四）盖种与浇水

播种后，穴盘上的播种穴用蛭石盖平，然后浇水至穴盘底部稍有水渗出为宜。

（五）催芽

把播种后的穴盘放在催芽室内专用催芽架上，保持催芽室适宜温度和近饱和的空气相对湿度进行催芽。在幼芽要露出穴盘基质时，转入绿化室进行培育。

（六）绿化至定植前管理

绿化室需维持较强的光照、适宜的温度以及良好的湿度环境，以促进幼苗生长。当育苗盘转入绿化室后，对于采用手工操作的情况，温度和光照管理可参照本书中普通育苗技术的相关要求执行；而采用智能温室育苗时，则可通过设定具体的温度、光照、湿度参数来实现自动化管理。

当幼苗的两片子叶完全展平且心叶刚刚露出尖时，需进行查苗补苗工作。当幼苗生长至有1~2片真叶展开时，开始浇灌营养液。在正常情况下，应维持育苗盘处于见干见湿的状态，每次浇灌营养液的量以育苗盘底部开始出现滴水现象为宜。营养液的浇灌次数需依据幼苗的生长态势以及天气状况来确定。例如，在夏季育苗时，若为晴天，每天需浇灌2~3次营养液，若为阴天，则可根据实际情况选择浇1次或者不浇；在冬春季育苗时，一般每1~2 d浇灌1次营养液。

【课程资源】

工厂化育苗

项目二　番茄育苗设施

【学习目标】

1. 知识目标：了解目前设施番茄育苗设施，能操作生产中所用的育苗设施。

2. 能力目标：掌握并熟练操作设施番茄育苗设施，有助于更好地进行设施番茄的生产。

3. 素质目标：培育壮苗对于番茄产量具有极其重要的意义，通过熟悉育苗设施，有助于更好地进行生产管理安排。

任务一　温室育苗

番茄生长过程中苗期较长，幼苗移栽技术被普遍采用。各地在传统的阳畦冷床、暖床育苗的基础上，目前主要利用温室、大棚等设施工厂化育苗。通过采取电热线加温、无土基质、小拱棚等措施优化育苗的光温条件，既缩短了苗龄，又可培育出抗逆性强、生长健壮的整齐苗，番茄定植后缓苗快，生长旺盛，从而易于获得高产稳产。

一、番茄温室育苗

番茄温室育苗，即番茄种子在育苗穴盘、营养钵或苗床等栽培设施内，从播种到定植前这一阶段的管理操作流程。温室具有保温性能好，操作管理方便、抗御自然灾害能力强的特点。因此，较露地阳畦育苗更安全，可有效避免低温的影响，更适合实际生产的需要。采用大型温室穴盘苗床可以工厂化大量生产适龄番茄商品苗供应棚室栽培。

工厂化大量商品化育苗多采用无土基质、育苗穴盘或营养钵，在保温性能好的棚室中进行育苗。无土基质一般采用草炭、蛭石与复合肥等混合使用，番茄育苗穴盘一般采用72孔穴盘，苗盘长60 cm、宽24 cm、高5 cm。育苗营养钵为8 cm×10 cm或10 cm×10 cm规格。育苗盘、钵可放在地面，也可置于育苗架上。置于地面时，需先做成1~1.5 m宽的平畦，平整畦面，地面铺一层旧棚膜或地膜，以防地下土传病害和保持水分，再加盖小拱棚或直接盘面覆地膜保湿保温，出苗后揭除。育苗架多为焊制铁架，骨架用5 cm×5 cm的角钢或直径5 cm的圆钢焊成，高1 m左右，宽1.5~2 m，长3~4 m，上铺钢丝网或保温钵板，再将穴盘、钵置于架上。

为便于操作管理，温室育苗的苗床一般宽1~1.5 m、长5~10 m，穴盘或营养钵采用配制的营养基质土，苗床可根据实际情况沿东西方向或者南北方向延展。必要时可在苗床上加设塑料小拱棚保温，用细竹竿或铁丝作拱架，覆盖薄膜，小拱棚高度为0.5~1 m。在寒流来临前，日光温室还可采取在小拱棚上加盖稻草苫等措施保温。

【课程资源】

温室育苗

任务二　电热温床育苗

一、电热温床育苗

电热温床育苗，是借助电加温线将电能转化为热能，以此对土壤进行加温的育苗方式。这一方法有效解决了传统阳畦苗床地温偏低的问题，为番茄幼苗根系生长创造良好条件，增强其吸收能力，有助于培育出适龄壮苗。

电加温线一般由塑料绝缘层、电热丝、导线接头和引出线等部分组成。绝缘层由聚乙烯制成，具备良好的绝缘性、导热性，同时耐水、耐酸且抗盐碱；电热丝作为电加温线的发热元件，负责产生热量。导线接头则用于连接电加温线和引出线，其具备良好的密封性，能够确保不漏电、不漏水。引出线通常为普通铜芯电线，长度一般在 2 m 左右，主要作用是接通电源。

电热温床在北方一般都设在温室内，南方多设在大棚内，以有利于克服风、雪、雨等不利天气的影响。温床多采用地上式，大棚内多做成南北延长的畦。

在冬春季节，于棚室内采用电加温线育苗，能够有效对育苗基质土进行增温与保温，且操作过程简便易行。利用电热温床易于加温、控温的特点，还可有效克服灾害性天气的不良影响，是一种培育壮苗的简单易行的技术措施，特别适合缺乏加温的日光温室或大棚。

电加温线功率多为 600~1 200 W，长度为 40~80 m，电加温线表面温度可达 50~65 ℃。冬季番茄育苗时，每平方米电热苗床所需的功率为 10~14 W，布线间距为 6~15 cm。

铺设电加温线前，先做好苗床。苗床一般宽 1.3~1.5 m，长度按需而定。地下式苗床深 15~20 cm，地上式苗床深 5~10 cm。要求苗床底要平整，踩实，并铺设隔热材料，在其上铺设电加温线。

进行电热温床育苗时，首先要在苗床内按照确定好的布线间距插好固定桩，用于固定电加温线折返处。固定桩长度 20 cm，地上部分露出 5 cm，可就近选取材料，多采用细竹竿。铺设时从苗床一端开始，沿固定桩均匀布线要拉紧，使电加温线紧贴床面，两头处在固定桩上结套固定。铺好电加温线后，在其上覆 1~2 cm 厚土踩实，地下式苗床再覆盖已配制好的营养床土，地上式苗床即可在线上放置育苗盘、钵等。

二、铺设电加温线注意事项

1.电加温线的电阻是额定的，使用时绝对不能剪短或截断使用，也不能成圈状暴露在空气中通电。

2.布线时只能在引出线上打结固定，电加温线不能打结、交叉、重叠。

3.在单向电流中要并联使用电加温线。

4.育苗结束后，从苗床中取出电加温线时，不能生拉硬拽或用铁铲挖掘，以避免拉断或损坏绝缘层。取出后要擦干泥土，妥善保存。

5.使用旧线前，应进行绝缘检查。

6.一般使用电加温线时，在其引出线前安装1个电源开关，夜间地温较低时通电加温，地温升高后断电保温。可设专人负责或采用自动控温仪来自动控温，以保证地温满足需要。

【课程资源】

电热温床育苗

任务三　夏季遮阳育苗

　　为延长番茄坐果采收期、提升经济效益，常采用大棚秋延后或温室越冬长季节栽培模式。因育苗需在盛夏高温的 7 月开展，所以要着重做好遮阳降温工作，避免幼苗因高温出现徒长，或因过度蒸发而缺水。可搭建防虫网小拱棚，利用穴盘培育小苗。在棚顶覆盖塑料膜，阻挡雨水侵袭，随后在塑料膜上方覆盖遮阳网，根据实际温度情况，在必要时启用遮阳网进行降温。

　　越冬长季节栽培的夏季育苗多采用工厂化大量生产商品苗，一般采用穴盘基质育苗，通过环境控制和病虫害综合预防措施生产适龄小苗，夏季育苗苗期 20 d 左右。无土基质一般采用草炭、蛭石与消毒有机肥混合使用，有机肥比例为 1% 即可。番茄育苗穴盘一般采用 72 孔穴盘，苗盘长 60 cm、宽 24 cm、高 5 cm。育苗盘可放在地面或置于育苗架上。置于地面时，需先做成 1~1.5 m 宽的平畦，平整畦面，地面铺一层旧棚膜或地膜，以防地下土传病害和保持水分，畦面覆盖旧报纸或遮阳网保湿，待出苗后揭除。应特别注意防治温室白粉虱等害虫，培育无虫苗，可通过防虫网、黄板或药剂喷施加以解决。

【课程资源】

夏季遮阳育苗

项目三　实训

实训　电热温床的制作

一、目的要求

电热温床是低温季节蔬菜育苗的常用设施。通过实验实训，熟练掌握电热温床的制作方法。

二、技术环节

（一）试材

电热线、配电盘、插头、控温仪、交流接触器、短木棍、铁锹等。

（二）电热温床的铺设

1. 铺隔热层

为减少热量损失，在电热温床床底用麦秸、稻草等铺设厚度为 5~10 cm 的隔热层，然后再撒一层 2 cm 厚的细土。

2. 布线

根据温床长度、宽度、电热线的功率以及蔬菜种类确定布线距离。依布线距离将事先准备好的短木棍固定在温床的两端，然后按"弓"字形布线，使线达到"紧、平、直"，并使两个线头在温床的同一端，以便接插头。有条件的还可接控温仪。

3. 覆土

电热线布好后，撒一层 1~2 cm 厚的细沙，埋上电热线，并通电检查。

4. 注意事项

电热线只能并联，不得串联；电热线不能交叉、重叠、打结；布线、起线时不能硬拉；通电时电热线不得暴露在空气中。

三、考核标准

电热温床的制作考核标准见表 2-1。

表 2-1 电热温床制作的考核标准

班级：_____ 姓名：_____ 学号：_____

考核项目	考核标准	分值（分）	得分（分）
确定电热线布线间距	准确计算并确定布线距离	20	
铺隔热层	铺设隔热层，且铺设均匀	5	
	撒 2 cm 厚细土，覆盖平整	5	
布线	短木棍按布线距离在温床两端固定牢固	10	
	电热线按"弓"字形布线，达到"紧、平、直"要求	10	
	两个线头在温床同一端且连接准备工作到位，正确连接控温仪（若有）	10	
覆土	撒 1~2 cm 厚细沙埋好电热线	10	
	通电检查操作规范，能准确判断电热线及线路是否正常	10	
注意事项执行	电热线连接方式正确，无交叉、重叠、打结情况	5	
	布线、起线操作规范	10	
	通电时电热线无暴露在空气中情况	5	
合计		100	

练习与思考

1. 何谓嫁接育苗？如何选择嫁接砧木？

2. 简述穴盘育苗的技术特点和要点。

3. 导致"带帽苗"出现的原因有哪些？如何防止或补救？

模块三　育苗前的准备

（11 学时，理论 5 学时、实训 6 学时）

项目一　苗床土的配制及消毒

【学习目标】

1. 知识目标：了解目前设施番茄育苗准备工作，能操作苗床消毒处理技术。

2. 能力目标：掌握并熟练操作设施番茄育苗苗床土的配制、消毒处理等工作。

3. 素质目标：培育壮苗对于番茄产量具有极其重要的意义，通过熟悉育苗前的各项准备工作，有助于更好地进行生产管理安排。

任务一　苗床的准备

一、苗床的准备

苗床西向，坐东北朝南，以便迎受阳光，抵御寒风。应选择地势高、光照充足的地块。该地块需具备排灌方便、地下水位低、交通便利等条件。同时，土质要肥沃，富含腐殖质，便于通风管理，且近两年内未种植过茄果类作物。通常情况下，在低温干燥期，为减少水分蒸发，维持苗床湿润，应选用低畦面苗床；而在高温多雨期，为防止苗床积水引发病害，需选择高畦面苗床。设施大棚育苗多采用低畦面苗床，露天育苗则需依据不同的育苗季节，灵活选择合适的畦面类型。

同时，要准备好育苗用的物资，如冷床上需用的塑料薄膜、草帘等，高温季节遮阴棚上用的遮阳网、草帘等，电热温床上需用的控温仪等设备。

【课程资源】

苗床的准备

任务二　床土的准备及消毒

育苗床土的优劣与番茄幼苗的生长和发育直接相关，因此，床土必须肥沃，富含有机质和充足的营养元素，有良好的物理性状，空气通透性好，保水力强，以保证根系生长、伸展的需求。同时，苗床土还应无病菌，以防传染幼苗。

一、床土配制

床土是将土、肥及药剂按一定比例混合配制，供给番茄幼苗正常生长发育所需的各种营养。常用的苗床土的配制材料为菜园土、经腐熟的厩肥（猪或牛厩肥等）、人粪尿，经过冰冻风化的河泥、塘泥、草木灰或砻糠灰等，并加入少量三元复合肥（0.1%）和消毒鸡粪，以增加养分，培育壮苗。菜园土必须从1~2年内未种植过茄果类、瓜类及马铃薯、烟草和未发生过土传病害的田块选取，以15~20 cm表层的土为好，菜园土一般占50%~70%。厩肥、人粪尿等必须经过充分腐熟并过筛，施用量占苗床土的15%~25%。一般是将厩肥、人粪尿泼浇在园土中，让土壤吸收，经过一段时期后，才可用作床土，或与园土等一同堆置。河泥、塘泥要经过冰冻风化，其质地疏松，养分多，无病菌、害虫及杂草种子，施用量一般占苗床土的20%~30%。草木灰、砻糠灰等可增加苗床土的钾肥含量，使苗床土土质疏松，可吸收更多的阳光，利于提高土温，其施用量占苗床土的10%~20%。播种床床土一般厚10 cm，每立方米床面需苗床土120 kg左右；在苗床中应施入适量高温消毒的干鸡粪（膨化鸡粪），可全面增加氮、磷、钾肥，苗床中不宜直接撒用尿素、硫酸铵等氮素化肥。

播种床土按田土6份、腐熟过筛有机肥4份配制而成；分苗床土按田土或园土7份、腐熟过筛有机肥3份配制而成。分苗床土应具有一定的黏性，保证移苗时不散土；化肥主要是优质复合肥、磷肥和钾肥。一般播种床土每立方米需添加1 000 g左右化肥，分苗床土每立方米添加2 000 g左右化肥。

如果采用营养钵育苗，除了采用以上配方配制营养土外，为减轻营养钵重量，便于搬运、疏松土质，还可采用草炭和蛭石作为培养基质，具体配方是过筛菜园土：草炭：蛭石为1：4：1。此外，每立方米营养土再添加膨化鸡粪600 g，复合肥800~1 000 g。用这种配方配制的营养土，可保证番茄整个幼苗期对养分的需要。

二、床土消毒

育苗前对床土消毒，是预防和减少病虫害、提高育苗品质及蔬菜质量的有效途径。结合我国生产实际，床土消毒最直接、最常用的方法是药剂消毒。

用福尔马林（40% 甲醛）消毒，可消灭猝倒病和菌核病病菌。福尔马林用量为 200~300 mL 福尔马林加水 20~30 kg，可喷洒消毒床土 1 000 kg。将上述溶液喷洒在配制的苗床土上，均匀搅拌后堆置，土堆上面覆盖潮湿的草帘或塑料薄膜等，闷 2~3 d 后可充分杀死床土所带病菌揭开覆盖物，经 15~20 d，待床土中福尔马林气体散尽后，即可铺入苗床中。为了使药气尽快散尽，可将土堆弄松。在药气没有散完前，会发生药害，不能放入苗床中，更不可播种。

用 50% 福美双和 65% 代森锌可湿性粉剂等量混合施用，可防止幼苗猝倒病和立枯病。每平方米苗床用混合药剂 8~9 g，与半干细土 3~15 kg 拌匀，播种时作为垫籽土和盖籽土。70% 五氯硝基苯的施用量，每立方米苗床内不可超过 5 g。如用量过度尤其在床土过干的情况下，会产生药害。

用 25% 多菌灵每平方米床面 20 g，加 500~1 000 g 干细土拌匀撒在床面上，或每立方米床土用 0.1% 高锰酸钾液 7~10 kg 喷洒后盖严薄膜，闷 3~4 d，均可起到杀菌的作用。

【课程资源】

床土的准备及消毒

项目二 种子处理及催芽

【学习目标】

1. 知识目标：了解目前设施番茄种子处理方法，能掌握种子催芽技术。

2. 能力目标：了解并熟练操作设施番茄育苗种子处理方式及催芽技术，有助于促进番茄种子发芽和提高发芽整齐度，更好地培育壮苗。

3. 素质目标：培育壮苗对于番茄产量具有极其重要的意义，通过熟悉育苗前的各项准备工作，有助于更好地进行生产管理安排。

任务一 种子处理

番茄种子表面带有病原菌，带菌的种子会传染给幼苗和成株，从而导致病害发生。为防止种子带毒，增加秧苗的抗性和促进生长发育，播种前可对番茄进行种子处理。经过处理后的种子，出苗快而整齐，可增强幼苗的抗性，减少病弱苗数量，为培育壮苗奠定基础。目前常用的方法有温水浸种催芽、药剂拌种、药水浸种和干热处理等。

一、晒种

播种前将番茄种子置于太阳下晾晒 2~3 d。一是能够利用阳光中的紫外线杀灭种子上所带的部分病菌，减少苗期病害；二是提高种子的温度，促进种子内营养物质转化，增强种子发芽势；三是减少种子含水量，增强种子的吸水能力，缩短浸种需要的时间。

二、浸种及消毒

（一）温汤浸种

将种子装在纱布袋中，先放入 20~30 ℃温水中 10~20 min，然后捞出放入 50~55 ℃热水中，不断搅动烫种 20~30 min，随后让水温下降或放入凉水中浸种 4~5 h。此法可有效杀灭种子表面及内部病菌，去除种子萌发抑制物，增加种皮通透性，活化种子内部各种酶的活性，有利于种子萌发一致。

（二）药液浸种

预防番茄早疫病，先将种子在清水中浸泡 3~4 h，再浸入 40% 福尔马林 100~300 倍液中 15~20 min，然后捞出密闭 2~3 h，让药剂充分发挥作用后，用清水冲洗干净。预防番茄病毒病，先将种子在清水中浸泡 3~4 h，然后放入 10% 磷酸三钠或 2% 氢氧化钠溶液中浸泡 20~30 min，捞出后用清水冲洗干净。预防溃疡病及病毒病，可将种子在 40 ℃温水中浸泡 3~4 h，放入 1% 高锰酸钾溶液中浸泡 20~30 min，取出冲洗干净。

（三）干热处理

将完全干燥的种子放入 70 ℃干燥箱（或恒温箱）中干热处理 72 h，可杀死种子所带的病菌，特别是对病毒病的预防效果较好。正确掌握处理的时间和温度，不会影响种子发芽率。

（四）低温和变温处理

低温处理是把吸水肿胀的种子置于 0 ℃左右的温度下处理 1~2 d，然后播种，可提高种子的抗寒性。变温处理是将要发芽的种子每天用 1~5 ℃的温度处理 12~18 h，然后转到 18~22 ℃的温度下处理 12~16 h，如此反复处理数天，可显著提高种子的抗寒性，并有利于出苗。

（五）种子包衣

将杀菌剂、杀虫剂以及生长素、营养元素等包在番茄种子外，基本不改变种子的形状。经过包衣的种子无须消毒、浸种催芽，可直接进行干籽直播。贮藏及播种后都能避免或减少病虫危害，同时也能增强种子的抗旱能力。

三、催芽

将浸泡透的种子放于适宜的温度、湿度及黑暗或弱光条件下，使种子迅速发芽。浸种后，捞出种子洗净并沥干水分，用纱布、湿毛巾包好，放到 25~28 ℃下催芽。每天翻动 2~3 次，并用同温度的水冲洗一次，保持适宜水分，洗去种皮上的茸毛、黏液和污物，防止霉烂。加强透气并使其受温一致，出芽才整齐。2~3 d 后，种子萌动露白，将温度降到 22 ℃左右，使芽健壮。待多数种子出芽，芽长与种子纵径等长时即可播种。如果天气不好不能及时播种，可将出芽的种子放在 1~5 ℃条件下保存，也可在 4~10 ℃下进行保湿蹲芽，经蹲芽后的胚芽，生长粗壮、抗逆性增强。

番茄种子也可直接以干籽播种，一般夏季育苗时或工厂化育苗多采用干籽直播。国外种子多有包衣，亦以直播为宜。

【课程资源】

种子处理

任务二　种子播种

一、播种期

确定适宜的播种期对培育适龄壮苗至关重要，不同地区、不同类型温室设施采用不同栽培茬口，其播种时间均有不同。

播种期的确定原则，一是根据栽培方式确定定植期，例如采用大棚和小棚覆盖栽培一般在1月下旬至2月下旬定植；二是根据育苗方式确定苗龄，采用冷床育苗，苗龄为100 d左右，采用电热线育苗需70 d左右，若分苗床亦铺电热线，苗龄只需50 d。

此外，苗龄的长短还与育苗设施有关，采用营养钵或营养土分苗时，可适当早播，培育大苗定植。相反，采用裸根定植，秧苗不宜太大，因为容易引起徒长或移栽时伤根过多而延长缓苗期，最终影响到产量。

根据栽培方式，确定好定植期，减去秧苗的苗龄，即可推算出播种期，具体的播种日期还需看当时的天气情况而决定，最好选在冷尾暖头的天气播种，采用冷床或塑料大棚播种，千万不要选在冷空气来之前播种。

二、播种量

播种过稀，出苗少，浪费人力、物力；播种太密，出苗多，过分拥挤，易引起徒长，不利于培育壮苗。采用冷床育苗，每平方米播种12~15 g；温床育苗每平方米播种8~9 g。

三、播种前准备

播种前整平床土，若苗床不平，往往会发生出苗不整齐现象，苗床高处水分少，易干燥，秧苗易僵化、老化；苗床低洼处水分足，若床温高，秧苗生长快，形成高脚苗，若床温低，秧苗易引起烂根。

播种前需先将穴盘或营养钵浇透水，使育苗基质含有充足的水分，以供应种子发芽出苗所需的水分，一般使床土8~10 cm的土层含水量达饱和状态为宜。底水不足，土壤易干燥，影响种子发芽，使已发芽种子失水死苗，甚至使幼苗干死；底水浇得太多，一方面降低了苗床温度，另一方面苗床湿度太高，使种子发芽后烂根。浇底水时不能用水管对着苗床冲，最好用喷水壶喷雾均匀浇灌。

四、播种

番茄播种可采用干籽直播或浸种催芽播种。干籽播种撒播均匀，但出苗时间较长；浸种催芽如果床温比较低，则有烂种的危险，因种子潮湿粘连不易撒播均匀，此时可用少量细沙或干细土拌匀后再撒，力求均匀。

生产上常用撒播出苗后分苗的方法。当经浸种催芽的种子有 60% 左右萌发幼芽时，宜选择晴天上午或中午进行播种。待穴盘或营养钵水渗下后，在穴孔中心用手指扎出约 0.5 cm 深的小孔，随后将已催好芽的种子逐一放入，一般每穴或每钵 1 粒种子。播种后随即覆盖 1~1.5 cm 厚的细土，覆土要均匀，厚度一致。覆土过薄，水分易蒸发，床土易干燥，而且容易造成"带帽"出土，影响出苗和子叶展开，不利于幼苗光合作用和生长。覆土过厚，幼苗出芽阻力加大，不利于出芽，甚至会导致烂种。覆土后上面盖报纸、无纺布或塑料薄膜等，以保持苗床温度和湿度，随时检查苗床，待有 60%~70% 出苗时，揭去覆盖物，防止出现高脚苗。用育苗盘播种时，营养土装盘不宜过满，然后耙平、镇压，上部留 1~1.5 cm 的距离，以便播种时覆土和出苗后再覆土。严冬季温度低时，可在温室搭小拱棚进行保温，待幼苗出土后，早揭晚盖，保持适宜温度。

【课程资源】

种子播种

任务三　播种后管理

育苗期间育苗床的温度管理是培育壮苗的关键。

一、播种至分苗阶段的管理

播种到种子发芽出土要维持较高的温度，利于快速整齐出苗。此时白天保持在28~30 ℃，夜温在15~20 ℃，床土温度保持在20~25 ℃，有利于出苗。种子50%出苗后，揭除覆盖物，适当降温，防止幼苗徒长，白天温度降至20~25 ℃，夜温降至12~14 ℃，床土温度降至18~20 ℃。第一片真叶展开到分苗前一周要适当降低温度，白天通风对幼苗进行低温锻炼，此时地温保持在15~20 ℃，促进根系发育。放风时，要防止发生幼苗风干。

采用温室、塑料棚等育苗，基本上是依靠揭盖棚膜、覆盖物等来进行苗床光照管理。在保持适宜温、湿度的条件下，尽量增加光照时间，即使在阴、雨、雪天气也要将覆盖物揭开，使秧苗见光，以防秧苗徒长和发生病害。

种子出苗后，根系相对较少，苗床需保持充足水分，但应防止水分过多引发徒长与猝倒病。要注意水分调节，以控水为主，促控结合，使苗床保持见干见湿状态。保证晴天空气湿度在50%~60%，土壤湿度在75%~80%；阴天空气湿度在50%~55%，土壤湿度在60%~65%。一般播种和分苗时打透底水，其余时间什么时候缺水什么时候浇。出苗后覆土，填盖种子出土时产生的缝隙，以利保墒。分苗前1 d浇水，以减少起苗伤根。

随着幼苗的生长，要及时疏苗、间苗，增大单株苗的营养面积。间苗在晴天中午进行，将出土过晚的矮苗、高脚苗、病苗、无心苗等劣苗去掉。一般第一次间苗在子叶展平时进行，去双留单，拔除过密和不正常苗，达到子叶间相互不碰、不挤、不重叠。第二次间苗在长出2片真叶时进行，拔去徒长、柔弱、过密、有病的苗，使幼苗间距达到1.5~2 cm，间苗后覆土约0.5 cm，盖住露出的根，减少畦面失水。在加温温室中育苗的，由于温度高、空间大、苗床水分蒸发快，覆土的同时还要喷水，以维持充分的水分。

播种后分苗前由于育苗用营养土肥料充足，此期一般不追肥。

二、分苗至定植前的管理

为了扩大幼苗之间的距离，使其有足够的空间继续发展茎叶和根系，满足幼苗进一步生长发育对营养和光照的要求，必须把幼苗从原育苗床中移至新的苗床，加大苗距继续培育，这一措施叫分苗（又称移苗）。分苗是获得早熟、丰产、高效的重要措施之一。

（一）分苗

分苗阶段涵盖从对幼苗进行炼苗开始，直至分苗后幼苗恢复正常生长整个过程，是将播种床中的子苗移到另一个苗床或营养钵等移苗设施中，扩大幼苗的单株营养面积。分苗能满足幼苗对营养、水分和光照的需求，促进花芽分化。分苗时切断主根，促进侧根的生长，使秧苗苗壮、茎粗大、叶变厚、抗逆性增强。分苗还能淘汰弱苗、病苗、老化苗、僵化苗、徒长苗等。分苗时必须保护子叶，少伤根系，防止脱水。

分苗前 5~7 d 对幼苗进行低温、干旱锻炼。控制幼苗生长速度，使幼苗更壮实，增强对不良环境的抵抗能力；促进根系生长，增加生根量，有利于分苗后快速缓苗。白天温度为 15~20 ℃，夜间温度为 10~12 ℃，早揭晚盖覆盖物，延长光照时间，同时加强苗床通风管理。

番茄花芽分化通常在 2 ~5 片真叶时进行，为避免影响花芽分化，分苗一般在花芽分化前进行，最佳时期为 2 叶 1 心时。温室、温床内培育的子苗，由于温度高、生长快，分苗期可适当早些；冷床育苗可适当晚些。分苗过早，幼苗组织幼嫩，根系弱，不易缓苗，成活率低；分苗过晚，幼苗在播种床拥挤拔高，根系弱，叶面积大，蒸腾量大，伤根多，不易成活，而且影响花芽分化，导致将来落花落果或畸形果。

分苗方式通常有 3 种：①裸根分苗，直接在营养土里划沟移植，采用灌暗水分苗；②护根分苗，利用营养钵、纸袋等分苗，在钵中装入营养土，将苗移入，浇透水；③营养土块分苗，即利用 10 cm 厚的营养土，切成 10 cm 的土块。

分苗时应选晴朗无风天气，抓紧在气温较高的中午前后进行。一般应在上午 9 时至下午 3 时，当大棚内气温在 10 ℃以上时进行，不宜在其他时间分苗。分苗前，需提前备好整细、整平的营养土，避免土块在移栽时损伤幼苗根系。起苗时，不要浇水，以防止幼苗根部形成泥疙瘩影响分苗后缓苗。通常在移苗前 1 d 浇透水，使幼苗在起苗时能多带土，最大程度减少根系损伤。取苗时动作要轻，应避免损伤幼茎和子叶，子叶的完好对培育壮苗很重要，应特别注意保护。幼苗起出后，应随即放入纸盒、薄膜或其他容器内以防受冻或失水，并立即运至移苗床移栽，如不能马上移栽，应用湿布覆盖。栽植时要浅栽，让子叶露出。根系在土壤中要舒展，防止挤成一团或卷曲扭结。分苗密度一般以 10 cm × 10 cm 为宜。分苗时淘汰病苗、弱苗，健壮苗也要大小分级，分别集中栽培，便于以后管理，以保证培育壮苗。分苗后不要用手猛压苗根泥土，以防伤根。在幼苗移栽后浇透定根水，可使浮土下沉，与根密切接触，并增加床内湿度，有利活棵。浇水后最好在行间铺撒一些松土，以减少水分蒸发，使土表疏松且较干燥。这样，土温容易升高，并可防止表土板结。定根水应采用细孔喷头来回轻浇。浇后如发现真叶与土粘住，要用细竹竿轻轻把贴地的叶片挑起。浇水最好在育苗面积较小时逐棵点浇，因为点浇时水可集中在幼苗基部的床土里，根更易与土密接，且床土湿度较小，土温容易升高，新根发生快，幼苗活棵也快。

（二）分苗后的管理

分苗之后到定植之前的苗期管理是整个育苗中的关键时期，这一时期既要促进缓苗、恢复根系和新叶生长，又要防止徒长，同时为幼苗的花芽分化创造条件。另外，在定植之前还要进行炼苗，以适应定植之后的环境条件。在实际操作中，主要应加强以下4方面的管理。

1. 温度管理

分苗后至缓苗期间，需要较高的温度。一般不通风，保持白天在25~28 ℃、夜间在17~18 ℃，使幼苗尽快长出新根，加快缓苗。如果白天温度超过35 ℃，可小通风，避免秧苗发生灼伤或徒长，温度降下后停止通风。大约7 d，大叶转绿，心叶见长，新根发出，有吐水现象。缓苗后幼苗进入旺盛生长期，要多通风降温，保持白天在20~25 ℃，夜间在15~20 ℃。从背风处通风，以免冷风直接吹入苗床，尤其在外界温度较低时。通风口从小到大逐渐增加，不能在短时期内全部揭开或盖上。分苗后到定植前一周要加大通风，以增强幼苗的抗寒能力。

2. 光照管理

随着幼苗的生长，对光照的需求越来越高，通过早揭晚盖覆盖物延长光照时间，即使在阴雨天气，也应尽量让幼苗多见光。棚室覆盖膜及所套小棚膜均应优先选用新膜，若条件允许，聚氯乙烯无滴耐老化膜或聚乙烯三层共挤复合多功能膜为最佳选择，均具有良好的透光性与保温性，利于幼苗生长。

3. 湿度管理

床土宜保持干干湿湿的状态。分苗后若发现土表干燥，午间幼苗发生萎蔫，傍晚又能恢复，表明床土湿度小，需要浇水，浇水后，覆土保墒，防止土壤龟裂。阴雨天不要浇水。若苗床湿度过大，可采用撒干土降低苗床湿度，防止秧苗徒长和病害发生。在幼苗锻炼阶段尽量不浇水，只是在定植前 1 d 浇透水，以便起苗。

4. 追肥

若幼苗弱小、叶片发黄出现缺肥现象，追肥时以速效肥为主，除氮肥之外，可配合使用磷、钾肥。如 0.2% 的尿素或 0.2% 的磷酸二氢钾、0.3% 的过磷酸钙，对培育壮苗有一定帮助。用液体粪肥作追肥时，浓度应掌握在 5%~10%，即一份液体粪肥加水稀释 10~20 倍。

【课程资源】

播种后管理

项目三 实训

实训一 番茄种子播前质量检验

一、目的要求

优质种子是蔬菜作物实现高产稳产的基础。种子的发芽率和生活力，是蔬菜播种前种子检验的重要内容，也是衡量种子使用价值高低的关键指标。通过本次实验实训，学生应掌握播种前番茄种子检验的方法。

二、技术环节

（一）试材及用具

番茄种子（有生活力种子、无生活力种子）、培养皿等。

（二）检验内容及方法

1. 发芽率、发芽势

试验方法：从净度检验后的好种子中随机取 4 份试样，小粒的番茄种子每份取样 100 粒，大粒种子取样 50 粒。先用清水将种子浸泡一定时间，使之充分吸水，再将培养皿铺 2~3 层滤纸并湿润，然后均匀摆放种子。培养皿上注明番茄品种名称、重复次数、处理日期等，盖皿盖后将其放在恒温箱内发芽（25~30 ℃）。

发芽期间，每天定期检查，并及时补充水分。到规定日期时统计发芽种子数，计算发芽势、发芽率。

发芽势 =（规定时间内发芽种子数 ÷ 供试种子数）× 100%

发芽率 =（全部发芽种子数 ÷ 供试种子数）× 100%

2. 种子生活力

采用红墨水染色法测定番茄种子的生活力。方法是将红墨水稀释 20 倍或 40 倍，取种子样品 2~4 份，每份 100~200 粒，将种子用温水浸泡数小时，沿种胚中线纵切为两半，置于培养皿中染色 1~3 h，再用清水冲洗后统计有生活力的种子数。生活力强的种子胚部不染色，生活力弱的种子胚部染成淡红色，无生活力的种子胚部染成红色。此法特别适合休眠种子生活力的测定。

三、考核标准

番茄种子播前质量检验考核标准见表 3-1。

表 3-1 番茄种子播前质量检验考核标准

班级：_____ 姓名：_____ 学号：_____

考核项目	考核标准	分值（分）	得分（分）
发芽率测定	试样抽取操作正确	10	
	清水浸泡种子操作规范，能保证种子充分吸水	10	
	培养皿准备得当，准确铺设 2~3 层湿润滤纸	10	
	种子在培养皿中摆放均匀	5	
	在培养皿上完整、准确标注番茄品种名称、重复次数、处理日期	10	
	将培养皿正确放入恒温箱，温度设置在 25~30 ℃	10	
	发芽期间每日按时检查并及时补充水分	5	
	规定日期准确统计发芽种子数，并正确计算发芽率	5	
	红墨水稀释倍数准确	10	
	种子样品选取规范	10	
生活力测定（红墨水染色法）	温水浸泡种子操作无误，浸泡数小时	5	
	沿种胚中线纵切种子操作熟练、准确	5	
	染色操作规范	5	
	染色后冲洗操作正确，能准确统计有生活力的种子数	5	
	试样抽取操作正确	10	
	清水浸泡种子操作规范，能保证种子充分吸水	10	
	培养皿准备得当，准确铺设 2~3 层湿润滤纸	10	
合计		100	

实训二　番茄育苗营养土的配制

一、目的要求

营养土的科学配制及有效消毒，是决定番茄育苗能否成功的关键环节，直接关系到幼苗的生长状况与后续产量。通过本次实验实训，学生应熟练掌握番茄育苗营养土的配制方法。

二、技术环节

（一）材料及用具

大田土、腐熟的有机肥、疏松物（锯末、炉渣、草炭等）、化肥（尿素、过磷酸钙、硫酸钾等）、农药（多菌灵、辛硫磷或敌百虫）；铁锨、平耙等。

（二）技能操作

1. 营养土配制

先将大田土、有机肥、疏松物分别捣碎过筛，然后按照体积比，取大田土 6 份、有机肥 3 份、疏松物 1 份，配成混合土。每立方米混合土中加入尿素 0.25~0.5 kg、过磷酸钙 0.5~0.7 kg、硫酸钾 0.25 kg；为防止病害、虫害，每立方米混合土中加入多菌灵 100 g、辛硫磷或敌百虫 60 g。将以上各物充分混匀堆置，用薄膜密封 5~7 d，再用来育苗。

2. 铺营养土或装塑料钵

将营养土铺到育苗床上，播种苗床营养土厚度一般为 5~8 cm，分苗床为 8~10 cm；营养钵育苗的，将营养土装入塑料钵中，营养土高度以距钵口 2 cm 左右为宜。

三、考核标准

番茄育苗营养土的配制考核标准见表 3-2。

表3-2 番茄育苗营养土的配制考核标准

班级：_____ 姓名：_____ 学号：_____

考核项目	考核标准	分值（分）	得分（分）
营养土配制	材料准备齐全	10	
	大田土、有机肥、疏松物捣碎过筛操作规范，颗粒大小符合要求	20	
	按比例准确称取大田土、有机肥、疏松物	20	
	能够合理施肥	10	
	能够合理用药	10	
	所有材料充分搅拌均匀	10	
	密封操作正确	10	
铺营养土或装钵	将营养土准确铺到育苗床	10	
	将营养土装入塑料钵	10	
	合计	100	

实训三　番茄的分苗技术

一、目的要求

分苗是蔬菜培育壮苗的关键环节。分苗能为幼苗提供充足空间，满足其茎叶与根系进一步生长的需求，有效促进花芽分化和形成，所以分苗操作不可或缺。通过本次实验实训操作，学生应熟练掌握番茄分苗方法及规范操作流程。

二、技术环节

（一）试材与用具

适合分苗的适龄番茄幼苗；分苗床、水桶、小铲等。

（二）技能操作

1. 低温锻炼

分苗前3~5 d，播种床要逐渐降温炼苗。分苗前1 d傍晚，播种苗床上浇起苗水，水量不宜太大。

2. 起苗

用小铲起苗，放入苗盘中，运至分苗床待用。

3. 暗水分苗

一般用于冬季、早春设施育苗。

主要步骤：①平整分苗床床面；②开沟，用小铲从分苗床的一端按苗距开浅沟，沟深一般与原播种床中深度一致或稍深为宜，沟要平直，深浅一致；③浇水，沿分苗沟用水勺浇水，以不溢出沟外且浇足为宜；④摆苗，待分苗水渗下一半时，依苗距贴苗，注意秧苗直立，深度适宜，大小苗分级，分别分苗；⑤覆土，一沟摆苗完毕，分苗水完全下渗，覆土封沟，整平床面，按苗距开下一沟。

4. 明水分苗

按苗距开沟、放苗、覆土，整个分苗床栽完后一起浇水。一般用于夏秋季或露地育苗。

三、考核标准

番茄的分苗技术考核标准见表3-3。

表 3-3　番茄的分苗技术考核标准

班级：＿＿＿＿＿＿　姓名：＿＿＿＿＿＿　学号：＿＿＿＿＿＿

考核项目	考核标准	分值（分）	得分（分）
准备工作	能按照要求对播种床进行逐渐降温炼苗操作	5	
	在播种苗床上正确浇起苗水，水量控制得当	5	
起苗	使用小铲规范起苗，不损伤幼苗根系	5	
	起苗后将幼苗正确放入苗盘中，并及时运至分苗床	5	
暗水分苗	能准确平整床面，床面无明显高低不平	5	
	按苗距规范开浅沟，沟深符合要求	15	
	浇水操作熟练，水量控制合理	20	
	在分苗水渗下一半时，能按苗距准确贴苗	20	
	正确覆土封沟，整平床面	20	
明水分苗	在分苗床按苗距准确开沟，沟深符合适宜栽苗要求	10	
	按苗距规范放苗，保证秧苗放置位置正确	5	
	放苗后覆土操作规范，土量适中，能固定幼苗	5	
	整个分苗床栽完后，能及时且正确浇水，浇水量合适	20	
	正确覆土封沟，整平床面	20	
合计		100	

练习与思考

1. 试述番茄苗床土的配制。

2. 番茄种子消毒的方法有哪些？

3. 分苗的意义是什么？如何进行分苗？

模块四　番茄栽培与管理

（14 学时，理论 10 学时、实训 4 学时）

项目一　番茄定植准备及技术

【学习目标】

1. 知识目标：了解并熟悉设施番茄定植前的准备工作。

2. 能力目标：了解设施番茄定植前的准备工作，有助于更好地了解种植需求，掌握定植技术。

3. 素质目标：番茄定植前准备工作做得好坏，直接影响定植后苗成活、生长，从而影响长势及产量。

任务一　番茄定植的准备工作

一、轮作倒茬，深耕冻垡晒垡

连年种植番茄，3~5 年后常常出现植株生长发育不良，造成幼苗枯萎、烂根，生长点及新生枝（蔓）发育不正常，不能伸长，易落花落果，结果少或不结果，多种病害并发，严重制约番茄生产。因此，种植番茄应避免连作，最好的前茬是花生、大豆、小麦等大田作物，或葱、蒜类等"辣茬"蔬菜，其次是豆类和瓜类蔬菜，再次是十字花科蔬菜和其他耐寒性蔬菜。尽量避免与茄子、辣椒等茄科类作物接茬。

番茄根系的发达程度取决于土壤耕作层深度、土壤通气排水情况、肥料数量种类及施肥位置等。提早深耕，能促使土壤分化，保持土壤疏松，有消灭病虫的作用，也给根系创造良好的生长发育条件。深耕以 35 cm 左右为宜，深耕后经冬季晒垡，可使土块松散，有利于蓄水保肥，提高土壤肥力，也可以消灭病菌孢子和卵块、虫蛹。深翻后，晾晒数日再整平耙细，以利保墒。扣好棚膜，闷棚增温。

二、施足基肥

番茄生长量大、产量高，因而需肥量较大。在定植前应施足基肥，并注重增施磷、钾肥，以确保氮、磷、钾元素含量均衡且充足。这对番茄幼苗生长、叶面积扩大、根系发育等都有重要作用。基肥应以充分腐熟的有机肥料为主，足量施用基肥，能有效提高番茄的坐果率，使果实个头大、果肉厚实、空洞果少，且果色鲜艳有光泽，为实现优质、高产奠定基础。有机肥料的种类对番茄的产量和品质关系较大，有机肥的优劣顺序为芝麻饼、豆饼、棉仁饼、菜籽饼，鸡粪和鸭、鹅粪及猪粪等。普通农家有机肥都需经过充分发酵腐熟后才可施入，切忌施生粪，以防烧根和感染病虫害。基肥（化肥）多与有机肥混合后，随有机肥施入。基肥用量多少，要根据土地情况、肥料种类和品种等综合考虑。肥地少施，瘠地多施；优质肥少施，劣质肥多施；早熟品种浅施，中晚熟品种深施。一般每亩施基肥量为有机肥 6 000~7 000 kg、尿素 30 kg 左右、硫酸钾 40 kg 左右（或草木灰 200 kg）、磷酸二铵 30 kg 左右。

三、整地起垄

番茄定植栽培有平畦、小高畦、深沟高畦和垄栽 4 种栽培方式。南方因为雨水较多、水源充足，多采用高畦栽培，如果采用地膜覆盖栽培应该做成小高畦。北方地区春季易旱，栽植时多用平畦。畦宽窄可根据保留的果穗数而定。矮架栽培，留 3 穗果时，畦宽 0.8~1.0 m；大架栽培，留果 5 穗以上时，畦宽 1.2~1.5 m。畦高视当地地下水位高低而定，地下水位高，则畦高 20~25 cm；地下水位低，则畦高 10~15 cm。畦向应南北走向，按畦走向在中央开沟，所有基肥施于沟中后覆土。作畦后不要马上定植，施肥后最少要经过 10~15 d，以促进肥料在土壤中逐渐分解，待土壤物理性状稳定后再移栽幼苗，有利于番茄吸收养分和水分，保障植株正常生长发育。

【课程资源】

番茄定植的准备工作

任务二　定植技术

一、适龄壮苗标准

番茄的适龄壮苗是指在番茄生产中能够获得早熟、高产、优质、高效的幼苗，对不良环境条件具有较强适应性。壮苗定植后返苗快，返苗后生长快。壮苗标准为无病虫危害，根系发育良好，侧根数量多而白，茎秆粗壮，节间短，株高 18~25 cm，茎粗 0.5 cm 以上，且上下粗度一致，叶片肥厚、健全，叶色深绿。

二、定植

在不同生长季节依据不同的栽培类型适时定植。春番茄定植应在晚霜过后，大约 2 月上中旬，当苗龄达到 40~45 d、具有 4~5 片真叶时定植。秋冬番茄在正常生长情况下，苗龄达到 22~26 d、5~6 片真叶时定植。

用纸钵育苗的可以带钵定植，用营养钵育苗的应将苗扣出后定植，用营养土块育苗的可以直接定植。不管用哪种方式都应注意勿将护根营养土碰散，且与周围土壤无空隙，深度以茎基部埋入土中 1~2 cm 为宜，这样可促使长出不定根。如果定植期延误，苗老茎长，可将秧苗斜卧种植，幼苗顶端露出畦面 16~20 cm，下部茎用土覆盖，保持泥土湿润，诱发不定根发生，复壮幼苗。若盖地膜，则将开口处用土封好。

番茄栽培过程中定植密度一定要合理，因为定植密度对早期产量和总产量都有很大影响。定植密度过小，无法充分利用土地资源，尽管单株产量可能有所提升，但总产量不高，经济效益不佳。而当定植密度过大时，植株数量过多，相互遮光严重，导致光合作用强度降低，由此造成的损失超过了因增加株数带来的收益，最终致使总产量下降。定植距离视品种特性、整枝方式、气候及土肥、人力条件而灵活掌握，一般每畦种 2 行。无限生长型实行单干整枝的品种，栽植株距 26 cm，每亩约栽 3 400 株；自封顶生长型实行双干整枝的品种，栽植株距 35 cm，每亩约栽 2 800 株。

定植应选择在无风的晴天进行，避免在下雨天定植。因为番茄苗定植后需要时间适应棚室或露地的环境及土壤条件。若在阴天定植，棚内湿度大，幼苗虽能吸收空气中的水分维持生长，但晴天后，植株蒸腾作用突然加剧，易出现萎蔫现象，不利于缓苗。对于露地栽培，风害也是影响定植成活率的重要因素，因此定植时需掌握当地刮风规律，避开刮风高峰期，选择无风天气定植，以提高定植成活率。

栽苗时要进行选苗，剔除瘦弱、无生长点或徒长苗等。

定植前，先对育苗地普遍施肥一次杀菌剂，做到带药定植，以减少病虫害的发生。然后提前将育苗地浇湿，使土壤湿润松软，便于起苗时减少根系损伤，使根部能带较多泥土。在畦面按一定株距开定植穴，栽苗时随种随浇定根水并浇透，这对幼苗成活及快速生长具有重要作用。

【课程资源】

定植技术

项目二　番茄栽培技术

【学习目标】

1. 知识目标：了解目前设施番茄主要技术，掌握塑料大棚及日光温室番茄栽培技术要点。

2. 能力目标：了解番茄设施早培的关键技术要点，有助于更好地把握种植茬口，优化种植资源。

3. 素质目标：设施农业是我国农业生产的重要组成部分，熟悉设施番茄栽培主要技术要点，有助于更好地贯彻落实国家农业政策，推动农业现代化进程，实现乡村振兴战略目标。

任务一　塑料大棚番茄优质高效栽培技术

一、春季塑料大棚早熟栽培技术

塑料大棚番茄春季生产，以早熟、高产、高效为主要目标。由于塑料大棚创造了适宜的气候条件，春大棚种植番茄将使番茄播期和采收期提早，并使番茄产量成倍提高，具有良好的经济效益。塑料大棚取材方便、透光保温性能好，在全国南北方均发展很快，是面积最大的番茄设施栽培形式。

（一）品种选择

适合塑料大棚番茄春季提前栽培的品种应具备早熟、丰产和品质优良及耐低温弱光，对叶霉病、灰霉病等病害抗性强等特点，以有限生长型或无限生长型的早熟或中早熟品种为佳。常用品种有中杂 11、中杂 12、L402、中杂 9 号、东农 704 号、佳粉 15 号、美国大红、144、宝发 008 等抗性较强的番茄品种。

（二）培育适龄壮苗

品种熟性和育苗方式决定适宜苗龄。早熟品种若采用基质育苗，苗龄约 60 d；在日光温室育苗，苗龄相对稍长，且早熟品种苗龄短于中晚熟品种。苗龄过短，开花结果延迟，无法达到早熟目的；苗龄过长，容易使苗变成"小老苗"而使幼苗生活力下降，甚至幼苗在苗床上定植前已开花结果，这样的幼苗容易落花落果，达不到早熟、丰产的效果。

　　大棚春番茄的播种时间一般在 12 月底或 1 月初，亦可用定植期减去适宜苗龄得出。育苗时期处于冬季，因此，在加温温室或日光温室内，采用电热温床搭配小拱棚并覆盖草苫育苗，长江以南可以采用大棚内温床或冷床方式育苗。可采用营养钵育苗或播种床育苗，除采用无土基质育苗外，还可用营养土育苗，营养土的配方为 2/3 的肥沃田土和 1/3 的腐熟马粪，每方营养土另加入消毒干鸡粪 10 kg 及磷酸二铵和硫酸钾各 1 kg，混匀后可用于营养钵育苗。

　　若采用播种床育苗，则可在温室内平整苗床后，铺设 3 cm 厚营养土，浇透水，并搭建小拱棚。待水渗下后播种，每平方米播种 10~15 g，然后覆盖 1 cm 厚营养土。为防治苗期猝倒病及立枯病，可用 50% 多菌灵粉剂或福美霜粉剂掺于盖土中，每平方米覆土用药 8~10 g，亦可用 500 倍药液喷施于土表。播种后扣上小拱棚，保持白天温度在 25~28 ℃、夜间温度在 15~20 ℃，促进出苗整齐。80% 种子出苗后，小拱棚开始放风，适当降温、降湿，增加光照，促进根系发育，以防徒长。待幼苗 2~3 片真叶时进行分苗移植，在播种水充足情况下，移植前不需要浇水。

　　可将幼苗分苗到营养钵中，分苗后为促进根系发育、加快缓苗，要适当提高温度，高温缓苗，昼温 25~28 ℃，夜温 15~17 ℃，缓苗后白天控制在 23~25 ℃，夜间在 15 ℃ 左右，地温保持 20 ℃ 左右。秧苗较大时为防徒长，可将育苗钵间距移大，增加光照面积。定植前番茄苗龄一般为 60~70 d，此时番茄株高 20~25 cm，7~9 片真叶，茎上下一致，节间较短，茎粗 0.6~0.7 cm。植株普遍出现大花蕾的大苗适于定植，定期前 7 d 可进行低温炼苗，其他苗期管理见番茄育苗技术。

　　（三）适期早定植

　　为提高大棚内地温，应在定植前 20~25 d 扣棚烤地，覆膜前每亩施入优质腐熟有机农家肥 5 000~8 000 kg，定植前每亩施入磷酸二铵 50 kg 及过磷酸钙 100 kg，深翻细耙后做成畦宽 1 m 的垄畦，覆膜后定植。中熟品种按株距 33 cm、行距 50 cm，亩栽 4 000 株定植；自封顶及早熟品种按株距 25 cm、行距 50 cm，亩栽 5 000 株定植。定植时间各地应根据棚内气温和地温来确定，一般棚外最低温稳定在 4 ℃，棚内地表 10 cm 地温稳定在 10 ℃ 以上时为适宜定植期，选晴天上午定植。北京地区于 3 月下旬定植；东北、西北等地区于 4 月下旬至 5 月上旬定植；长江流域可在 2 月下旬至 3 月上旬定植。

　　大棚番茄应采用高畦地膜覆盖和垄栽，定植一般采用穴栽，使苗坨土面与畦面齐平，定植时要严格选好壮苗，定植前畦面覆盖地膜以保温、保湿。定植时把地膜割十字口，向四面揭开，按株距挖穴，将苗栽入，浇透定植水，水渗下后封土，再把地膜封严。

（四）定植后管理

1. 温湿度管理

塑料大棚热源主要源于太阳辐射，因此棚内温度随昼夜、阴晴变化频繁波动。早春定植后处于低温季节，应注意防寒保温，促进缓苗。一般定植后3~4 d不通风换气，有条件时还可用草苫围在大棚周围晚间保温。大棚番茄缓苗10 d左右，第一穗花开花结果，为确保前期产量，应使开花结果整齐、不落花，并调节好秧果关系，控制植株营养生长。为提高地温，缓苗期白天最高温度可控制在30 ℃左右，以利发根。缓苗后随外界气温升高，逐渐加大通风口，延长通风时间，控制白天温度在20~25 ℃、夜间在12~15 ℃、地温在15~20 ℃，空气湿度在45%~65%为宜。开始通风时不要放底风，主要通过大棚上部放风。待番茄生长中后期，则应随外界气温上升加大放风以降低棚温。外界最低温15 ℃时，可昼夜通风，外界最低温22 ℃时，可逐渐拆去棚膜换上防虫网以防虫害侵入。夏季中午高温还可覆盖遮阳网降温。番茄果实膨大期对温度反应灵敏，与积温关系密切，以四段变温管理最利于光合作用和同化物运输、累积，即上午控制较高温在25~28 ℃，促进光合作用；中午加强通风，维持在20~25 ℃；前半夜维持在15~20 ℃，以利营养物运输；后半夜至清晨日出前保持在12~15 ℃，以减少呼吸，促进干物质积累，利于果实膨大。

2. 肥水管理

番茄属深根系植物，为促进定植后的发根，坐果前营养生长为主的阶段应注意控水，除浇灌定植水和缓苗水后，一般不再灌水施肥，最好采用滴灌，可以控制水量和降低空气湿度，防止地温过度下降；亦可用膜下沟灌进行灌水，坐果前可通过中耕松土来改善土壤地温和水气状况。为促缓苗，每亩可灌缓苗水3~5 t，随水冲施5 kg尿素。待番茄第一穗果坐住后，果实膨大至核桃大小时，每亩可追施三元复合肥15 kg、消毒干鸡粪45 kg，然后可进行第二次浇水，每亩灌水10~15 t，追肥可以采用穴施或畦上撒施。以后每周灌水1次，每次5~7 t，每月追肥2次，分别施用硫酸钾8 kg和尿素5 kg，直至采收结束前1个月停止。番茄采收期，还可结合叶面喷施0.2%磷酸二氢钾或氯化钙进行根外追肥，以利于果实着色和防止脐腐病的发生。总之，大棚番茄需水量明显少于露地栽培，应保持土壤见干见湿，防止大水灌溉引起的裂果和灌水不足引起脐腐病果的发生。

3. 植株调整

春大棚中后期高温、高湿和弱光的小气候特点常易引起茎叶繁旺、侧枝大量发生的病秧现象，造成果小、结果不良、成熟晚和品质差。所以要及时吊秧或插架、绑蔓和整枝打杈，以协调生长，控制徒长。

插架与绑蔓可在番茄中耕后进行，可用铁丝与聚丙烯绳或尼龙绳引蔓或竹竿架条支撑，细绳子牵引可减少遮光，利于通风，因此这种方式优于传统的插架支撑方式。如采用插架支撑，支架的形式单杆架（单根竹竿架）、人字架（双根竹竿架）、四角锥形架（四根竹竿架）及井字（篱形）架4种。应及时绑蔓，一般每穗果绑一道，采用"8"字形绑蔓，但应松紧适度，以防勒伤茎蔓。

春大棚多采用早熟密植栽培，一般采取单干整枝，留3~4穗果后摘心，亦可采用一秆半整枝，即采取保留主枝，将所有多余的侧枝及时摘除，为此每5~7 d应打杈1次。番茄每株留果穗数可根据气候条件与茬口而定，一般春提前，短期栽培留3~4穗果；东北、西北如做越夏栽培可以留9~11穗果，做大架栽培亦可留6~8穗果，然后最上层果穗上留2片叶摘心。为保证坐果连续性和提高果实的商品品质，除在开花期进行适当疏花，摘去生长不良的畸形花和小花蕾外，坐果后还应在适当时机摘除各种畸形果、多余果、小果，每穗一般留整齐均匀的3~5果即可。在结果中后期，植株底部的叶子因叶龄较大，加之上部遮光将可能变黄老化，下部通风不良还可能发生病害，因此可在番茄果实将熟时，将果穗下部老、黄、病叶摘除，以利透风透光和预防病害发生。

大棚春番茄栽培成功的关键在于前期坐果。因为第一、二穗花序分化期夜温偏低，若施肥灌水不当容易引起番茄落花，常用保花和防止番茄落花的喷花激素有防落素（番茄灵）及保果宁等。

（五）采收与催熟

大棚春番茄的采收期随气候、光照和品种不同而不同，从开花到转色期，早熟种需40~50 d，中晚熟种需50~60 d。番茄果实的适宜转色温度为20~25 ℃，温度过高或过低均转色缓慢。为加速转色和成熟，提早上市，减轻植株负担，通常采用人工催熟方法进行催熟。

番茄催熟药剂主要是40%乙烯利水剂，其化学名称为乙基磷酸，呈酸性，不能和碱性农药或碱性较强的溶液混合，药液应随用随配，一般采用0.2%稀释液，并加入0.2%洗衣粉来增强效果。处理方法有3种：一是对进入绿熟期的果实采收前后涂抹果实进行催熟；二是将已采收的绿熟果用药液浸果 1 min 后置于 25 ℃下催红；三是用 0.1% 浓度药液田间喷洒青果进行催熟，至番茄进入果尖发红的催色期，便可上市。

（六）病虫害防治

大棚番茄栽培湿度较大，易于诱发病害，夏季高温时经常放风，虫害发展很快。因此，应根据病虫害发生特点有针对性地开展病虫害预防，从而降低病虫害发生率，保证番茄果实的安全性和符合相应标准。具体来说可在番茄定植前，使用硫黄熏蒸对塑料大棚进行灭菌消毒，定植前注意培育无病虫壮苗，防止将害虫带进棚。番茄坐果后，随灌水增加，封棚高湿期应 7~10 d 定期交替喷药，预防可能出现的叶霉病、早疫病、晚疫病、灰霉病等常见病害。大通风时要在风口采用防虫网防止害虫侵入，并悬挂黄板黏着少量害虫，若白粉虱、蚜虫等害虫较多，难以控制时，亦可用敌敌畏烟雾剂在晚上进行熏烟防治，然后清晨再进行药物喷施。具体病虫害的防治方法可参见病虫害防治部分。

二、大棚番茄秋延后栽培技术

大棚番茄秋延后栽培是一年两茬的关键茬口。合理规划生产，能带来良好经济效益。但秋季气温由高渐低，变化幅度大，番茄生育期短，病虫害严重，这使得栽培难度显著增加。栽培关键技术是注意苗期防雨、防虫、防高温，采收期防寒、保温、防病害。北方番茄大棚秋茬栽培一般可在 6 月下旬至 7 月上旬播种育苗，8 月初定植，单干整枝留 2~3 穗果摘心，到接近霜冻时，一次采收完毕，装筐贮藏。

（一）品种选择

大棚秋延后番茄，苗期处于高温炎热的夏季，病虫病及虫害易于发生，而结果期处于温度较低的深秋，因结果期短，故应选用耐热、抗病毒、果形大、高产、优质的早中熟国内品种。常用品种有中杂 9、中杂 106、中杂 8 号、LA02、毛粉 802、佳粉 17 号等品种。

（二）培育适龄无虫苗

秋延后番茄播种时正值高温多雨多虫季节，可以采取直播或育苗方式。因直播用种量大且苗期管理不方便且费工，整齐度也较低，因此，一般采取育苗栽培，育苗床必须具备遮阳防雨条件及防虫网防护。棚室秋番茄播种时间适宜播期可根据早霜时间来确定，单层大棚以霜前 110~120 d 为播种适期，北方多在 6 月中旬至 7 月中旬间播种，苗龄一般 25~30 d。育苗可选择高燥、通风的菜园作苗床，搭 1.5~2 m

高具有防虫网和遮阳条件的中拱棚，顶部覆盖塑料薄膜以防雨水，底边四周通风，中午高温时可在棚顶覆盖遮阳网遮光降温，苗床宽 1 m 左右，长可根据育苗面积确定。

若采用播种床育苗，每平方米撒施过筛的腐熟有机肥 10 kg，另加磷酸二铵或三元复合肥 100 g，深翻 10 cm 使粪土混匀，耙平后用 600 倍液敌可松喷撒床面，苗床灌水后，按 10 cm 株距穴播，每穴 1~2 粒种子，然后上面覆盖营养土 1 cm。为防治苗期猝倒病及立枯病，可用 50% 多菌灵粉剂、敌可松粉剂或福美霜粉剂掺于盖土中，每平方米覆土用药 8~10 g，亦可用 600 倍药液喷施于土表，也可将种子直播到直径 4 cm×4 cm，高 8 cm 的营养钵中育苗。

种子处理见番茄育苗技术部分，播种后育苗期适度浇水，可在高温时，中午用喷壶浇水降温。80% 种子出苗后，为防徒长还可叶面喷施 0.3% 磷酸二氢钾或 0.05% 矮壮素。为减轻蚜虫、白粉虱等虫害，除使用防虫网外，还可使用银灰膜驱蚜、黄板诱杀成虫，结合每周喷施药剂防治虫害与病毒病，保证幼苗洁净无虫。待幼苗 3~4 片真叶、株高 15~20 cm、苗龄 25 d 左右，小苗即可定植。

（三）定植

秋大棚一般是利用春季栽培的旧棚，定植前首先清理田园，然后亩施腐熟有机肥 4 000~5 000 kg 或施入消毒干鸡粪 500 kg 与磷酸二铵 50 kg，用旋耕机深翻细耙整平，做成 1 m 的畦，定植行距 0.5 m，株距 0.27~0.3 m，然后灌水，利用旧棚膜高温闷棚 7~10 d，以杀灭土壤病菌。为防止外来虫害，温室风口应设有防虫网。定植时间以 7 月底或 8 月初为宜，最好选在阴雨天或日落后定植，定植后及时灌水，隔 4~5 d 再灌缓苗水。秋大棚由于采收果穗少，因此栽培密度较春大棚大，自封顶品种留 2 穗果摘心，亩栽 5 000~5 500 株；无限生长型留 3 穗果摘心，亩栽 4 500 株左右。

（四）定植后管理

幼苗定植后，加强中耕，前期大棚管理的重点是降温、防雨、促缓苗、防徒长与保花保果。为防高温应注意打开四周通风口通风降温，雨天放下棚膜防止雨水进入棚室，发现病毒病株应及时拔除。同时注意采取措施包括挂防虫黄板、风口安防虫网及定期打药，防治白粉虱及蚜虫等虫害。定植后 2~3 周，秧苗已充分生长，可适时搭架，以防倒伏，第一穗花开花时开始打杈、绑蔓和喷花，促使坐果。缓苗后可控制温度白天为 25~28 ℃、夜间为 15~18 ℃。当外界最低温降到 12 ℃ 左右时，将棚室底脚薄膜放下，减少通风，擦净棚膜改善光照条件。当外界最低温降到 8 ℃ 以下时，封闭棚室以保温。秋大棚栽培在夏季高温、高湿或秋季低温、高湿环境下易发生晚疫、叶霉、霜霉等病害,除通过环境调节控制湿度外,还可在高发期喷施药剂、施放烟雾剂、使用硫黄熏蒸器或施用粉尘剂及时预防,避免病害的发生和蔓延。

当第一穗果长到核桃大小时,第三穗花已开花,此时应及时进行整枝、打杈和绑蔓、摘心等操作,以保证番茄光合营养输往果实,减少无效营养消耗。秋大棚番茄栽培生长果穗少、植株高度有限,可以用竹竿搭架支撑,一般均采用单干整枝方法,留2~3穗果掐尖摘心,其余侧枝杈子均应及时打去,可在缓苗后2周内插架绑蔓。在番茄果实核桃大小时,还应疏花疏果,将第二、三穗上的畸花或小花,以及第一、二穗上的不规则小果疏掉,每穗留整齐的3~5果,以保证果实整齐度和生长均衡。此外,还应注意将花前枝、叶及病老黄叶及时摘除。

大棚秋番茄进入结果期要加强肥水管理,若底肥不足,尤其要加强追肥。第一穗果核桃大小时,每亩应追施氮磷钾三元复合肥20 kg,然后灌水促进果实膨大。全生育期追肥2次,每7~10 d灌水1次,采用地膜滴灌系统以便控制灌水量和降低空气湿度。随气温下降可逐渐减少灌水次数,当植株上每穗果实均已坐住后,应停止灌水,以促进果实成熟。当外界气温降至5 ℃时,应将棚内番茄全部收获,秋大棚番茄栽培至拉秧前,一般只能采摘到总产量40%左右的、符合商品需求的红熟果,大部分未熟果还需经过简易贮藏才能陆续上市。未成熟的青果,通常贮于塑料薄膜温室,贮前将室内用硫黄熏蒸消毒,然后将果实码放在铺好稻草的地面上,采用自然温度将其贮藏至红熟上市,贮藏期适宜温度为10~12 ℃,相对湿度为70%~80%。贮存期间,每5~7 d翻倒1次,将红熟果挑选上市,并剔除病果、烂果,经过控温简易贮藏可以达到番茄延后供应、陆续上市的目的。番茄病虫害管理的原则是定植初期防虫为主,秋季采收期则重点防病害发生。防治方法可参见病虫害防治部分。

三、大棚番茄越夏长季节栽培技术

在我国东北、西北和华北北部等夏季温度不太高的地区,春季升温慢、秋季降温早,夏季凉爽且光照充足,可以采用春季定植,越夏恋秋,一茬到底的栽培方式,既节省了育苗和种子等费用,又延长了采收期,充分利用了自然光温条件,显著增加了经济效益。

内蒙古、东北等地的大棚越夏栽培前期生产技术与普通春大棚相同,但育苗时间可稍迟,定植苗龄可略低,采收果穗数明显增多。根据不同气候特点,一般采用单干整枝留8~12穗果,其余侧枝杈子均应及时打去,打杈不要留桩,以减少营养消耗。由于夏季温光条件好，番茄应选择耐贮运、不裂果、抗病毒的无限生长型、生长势强的中晚熟耐运输品种，主要品种为以色列 R-144（达尼亚拉）、R-139、FA-516、美国大红、荷兰宝发 008、日本桃太郎及中杂 9 号、毛粉 802、L402 等国内外优质品种。

大棚越夏番茄一般 1 月下旬或 2 月初，可在日光温室或加温温室育苗，营养钵育苗苗龄为 50~60 d。在 3 月下旬至 4 月上旬，棚内 10 cm 地温稳定 10 ℃以上、最低气温 6 ℃时定植，定植要选在晴天上午进行。因生长期长，定植前棚内应整地施肥，每亩施优质腐熟有机农家肥 8~10 m³，另施入三元复合肥或磷酸二铵 80 kg，深翻细耙后，做成畦距 1.2 m 宽的畦，定植行距 0.5 m，株距 0.35 m，亩栽 3 000~3 200 株。定植前畦面覆盖地膜以保温、保湿，定植时在地膜上挖穴，大小与营养钵基本一致，然后将苗坨放入穴中，使苗坨上表面与地表平齐，浇足定植水，水渗下后封好土，再把地膜封严即可。

定植后温光及水肥管理方法同春大棚栽培，即定植后封棚提温，保持白天在 22~28 ℃、夜间在 16~18 ℃，缓苗后注意放风降湿，白天温度为 20~25 ℃，夜间温度为 14~16 ℃。到第一穗果核桃大小时，开始追肥灌水，每亩追施三元复合肥 15 kg，以后夏季每月追肥 2 次，分别亩追施硫酸钾 8 kg 或尿素 5 kg，每周灌水 1 次，每次每亩 5~7 m³，随气温升高和坐果数增加，灌水量适当增加。秋季气温下降，适当减少灌水，拉秧前 1 月内可停止灌水。夏季追肥时可以将肥料随水追入，亦可将复合肥撒于膜下土表或浅埋于根附近，灌水可在施肥后进行，以利肥效提高。大棚番茄越夏生长生育期长，只能使用铁丝吊绳支撑系统，以利放秧。

夏季高温时可卷起周围棚膜保留顶膜防雨，四周风口安装防虫网预防虫害，并可在顶膜喷洒泥浆或石灰浆遮光降温，亦可用遮阳网遮光防晒。应注意均匀灌水，以防水分剧烈变化产生裂果或脐腐病果而影响产量收益。秋季气温下降前要加强肥、水管理，攻秧保果，注意喷花保果，可在拉秧前 2 个月即第九或十穗花出现后，顶部留 2~3 片叶后掐尖摘心，其余侧枝杈子均应及时打去。秋后其他管理参见大棚秋番茄栽培部分。

【课程资源】

塑料大棚番茄
优质高效栽培技术

任务二　日光温室番茄优质高效栽培技术

一、日光温室冬春茬番茄栽培技术

番茄对温度的要求不是很高，但对光照要求严格。随着节能日光温室的技术进步，大大改善了温室的光温状况，使番茄播期和生长期均明显改变。番茄冬春茬栽培可使番茄在春节前后上市，具有良好的经济效益，因而发展很快，是一种新型高效的日光温室番茄栽培模式。番茄冬春茬栽培一般是在 9 月下旬至 10 月上旬播种育苗，11 月定植，单干整枝留 8 穗果至 4 月底结束。

（一）品种选择

番茄冬春茬栽培的大部分时间生长在冬季，可选用耐低温弱光、抗逆性强、有限生长型或无限生长型的早熟或中早熟品种。常用品种有中杂 11、中杂 101、L402、中杂 9 号、佳粉 18 号、佳粉 15 号、佳源大粉等抗性较强的大果番茄品种。

（二）培育壮苗

日光温室冬春茬番茄栽培的播种时间在 10 月初左右，可采用穴盘、营养钵育苗或播种床育苗。穴盘营养钵育苗如前文所述，除采用无土基质育苗外，还可用营养土育苗。营养土的配方为 2/3 的肥沃田土和 1/3 的腐熟马粪，每方营养土另加入消毒干鸡粪 10 kg 及磷酸二铵和硫酸钾各 1 kg，混匀后可用于穴盘及营养钵育苗所用。

若采用播种床育苗，则可在温室内平整苗床后，铺设 3 cm 厚营养土，浇透水，并搭建小拱棚。待水渗下后播种，每平方米播种 10~15 g，然后覆盖 1 cm 厚营养土。为防治苗期猝倒病及立枯病，可用 50% 多菌灵粉剂或福美霜粉剂掺于盖土中，每平方米覆土用药 8~10 g，亦可用 500 倍药液喷施于土表。播种后扣上小拱棚，保持白天在 25~28 ℃、夜间在 15~20 ℃，促进出苗整齐。80% 种子出苗后，小拱棚开始放风，适当降温、降湿、增加光照，促进根系发育，以防徒长。待幼苗 2~3 片真叶时进行移植，在播种水充足情况下，移植前不需要浇水。

可以将幼苗移到营养钵或移植苗床中，移植前可在日光温室中做成宽 1.5~2 m、深 15 cm 的东西延长的移植苗床，耙平床面，每平方米撒施优质腐熟有机肥 30 kg，翻 10 cm 深，使粪土混匀，按株行距均为 10 cm 进行移植。移苗后提高温度，高温缓苗，缓苗后白天温度控制在 23~25 ℃、夜间在 15 ℃ 左右，地温保持在 20 ℃ 左右，采取距苗床 50 cm 张挂反光幕改善光照条件，保证育苗期间的温度、水分和光照条件适宜，就能育出健壮的秧苗。冬春茬定植前苗龄一般为 60 d 左右，此时番茄株高 20~25 cm，7~9 片真叶，茎上下一致，茎粗 0.6~0.7 cm，植株普遍出现大花蕾，个别开花时便可定植了。

（三）定植

定植前日光温室应进行整地施肥，一般亩施优质腐熟有机农家肥 5~8 t，可沟施于定植栽培畦下，然后施入三元复合肥 80 kg 及消毒干鸡粪 300 kg，深翻细耙后，做成 1~1.2 m 的畦。定植行距 0.3~0.5 m，株距 0.27~0.33 m，无限生长型品种按较低密度定植，自封顶有限生长型品种按较高密度定植，定植时间以 11 月下旬至 12 月初为宜。定植前畦面覆盖地膜以保温、保湿，定植时，在地膜上割十字口，将地膜向四面揭开，按株距开穴栽苗。栽苗后，浇足定植水，待水渗下后封穴，然后将地膜封严，确保苗坨上表面略低于畦面或与畦面平齐。

（四）定植后管理

定植后应注意增光保温，促进缓苗，日光温室应注意保持前屋面清洁并使用反光幕改善北侧光照条件。缓苗期白天最高温度可控制在 30 ℃左右，以提高地温，促进发根。缓苗后可控制在白天 25 ℃左右、夜间 15 ℃左右，以利于花的分化，结果后夜间温度控制在 10~18 ℃之间。可通过放风口大小、放风时间和揭盖草苫的早晚来调控温室温度。

番茄植株生长必须有一定的支撑才能不着地，特别是无限生长型番茄，必须有牢固的支撑。简单竹木结构的日光温室可以用竹竿搭支架支撑，但由于冬季光照不足，加上冬春茬生长期较长，为改善光温条件，最好选用吊绳吊秧方式进行支撑，有利于植株向上发展和通风透光。可在缓苗 1 周内及时插架绑蔓或吊秧，以防倒伏或长弯折断。冬春茬番茄为提高产量，延长采收期，一般采取单干整枝，无限生长型品种留 8 穗果摘心，其余侧枝杈子均应及时打去。为减少病害和改善通风，下部病、老、黄叶也应及时打掉。

日光温室冬春茬番茄在开花期处于低温冬季，容易发生落花、落果现象，必须采取措施促进坐果。可以用番茄防落素、保果宁或 2,4-D 等植物生长调节剂处理，使用小喷壶喷花或毛笔蘸液涂抹花柄均可，但 2,4-D 的使用浓度应控制在 10~15 mg/kg，高浓度或重复使用易导致畸形果发生，应加以注意。此外为保证果实整齐度和生长均衡，还应注意疏花、疏果，如在开花时将畸形花和过多的发育不良的小花及花前枝、叶及时摘除，果实坐住后则应注意疏果，每穗留大小一致的 3~4

果即可。为改善底部通风光照条件，番茄果实采收前后应及时摘除果穗下的老叶。

冬春茬番茄的肥水管理方法是：缓苗后为促进秧苗植株生长，可轻浇一水，最好采用滴灌，可以控制水量和降低空气湿度，防止地温过度下降，亦可用膜下沟灌进行灌水。一般灌水时每亩随水冲施 5 kg 尿素，待番茄第一穗果坐住后，果实膨大时，可进行第二次浇水，浇水前每亩可追施三元复合肥 15 kg，以后每月追肥 2 次，分别施用硫酸钾 8 kg 和尿素 5 kg，直至采收结束前 1 个月停止。采收中后期，还可结合打药防病，叶面喷施 0.2% 磷酸二氢钾或氯化钙进行根外追肥，以利于果实着色和防止脐腐病的发生。

番茄第一穗果可在 1 月底开始采收，8 穗果可连续采收到 4 月底。始收时由于温度低、着色慢，为提早上市，减轻植株负担，可以对绿熟期果实施用 40% 乙烯利 300~500 倍液，在采收前后涂抹果实进行催熟，至果尖发红的催色期便可采收、装箱和运输上市。

二、日光温室早春茬番茄栽培技术

番茄日光温室早春茬栽培是早于春大棚的传统栽培模式。为应对冬季低温的不利影响，获取良好收益，第一代保温效果欠佳的日光温室或东北地区的日光温室，多采用此茬口进行栽培。基本栽培技术与冬春茬栽培相同，但育苗时间迟于冬春茬且采收果穗数亦较少，一般留 3~4 穗果即可，其余侧枝杈子均应及时打去，打杈不要留桩，以减少营养消耗。

日光温室早春茬番茄一般 12 月中旬开始播种育苗，营养钵育苗苗龄为 40~50 d，1 月下旬至 2 月上旬地温开始回升时定植。定植要选在晴天上午进行，若光温条件适宜，可提前 10 d 左右定植，以利于早发根、早缓苗。定植前日光温室应进行整地施肥，一般亩施优质腐熟有机农家肥 5~7 t，施入三元复合肥 50 kg 或磷酸二铵与硫酸钾各 15 kg，深翻细耙后，做成畦距 1 m 宽的畦。定植行距 0.3~0.4 m，株距 0.3 m，无限生长型品种亩栽 3 600~3 800 株，自封顶有限生长型品种亩栽 4 500~5 000 株。定植前畦面覆盖地膜以保温、保湿，定植时在地膜上打孔，穴深比土坨高 3~5 cm，直径大 10 cm，土坨放入后，填土至穴深 2/3 处，浇透定植水，水渗下后覆土填平并封掩，再把地膜封严，使苗坨上表面与地表平齐即可。定植后，随即用竹竿做架材，绑好架，防止植株倒伏。定植后温光管理方法同冬春茬栽培，定植后封棚提温，保持白天在 22~28 ℃、夜间在 16~18 ℃，缓苗后注意放风降湿，白天温度为 20~25 ℃，夜间温度为 14~16 ℃。到第一穗果核桃大小时，开始追肥灌水，每次追施硫酸钾 8 kg 和尿素 5 kg，第三穗果实膨大时，再追施 1 次肥直至采收结束。追肥时可以将肥料随水追入，也可撒于土表或浅埋于根附近后再浇水。

日光温室早春茬番茄为保证产量及优质果率，可在第三或第四穗花出现后，顶部留 2~3 片叶后掐尖摘心，其余侧枝权子均应及时打去，底部叶片可在第一穗果够大时除去，以有利通风和果实着色，操作一般应在晴天上午进行。番茄第一穗果开始采收在 3 月中旬，4 月底至 5 月初采收结束。其他管理与冬春茬番茄基本相同。

三、日光温室秋冬茬番茄栽培技术

日光温室秋冬茬番茄是在日光温室经过夏季休闲后而进行的生产茬口，由于秋冬茬番茄前期育苗处在高温的盛夏，而后期处于较低温的秋冬，因此对品种的要求很高。随着节能日光温室的技术进步，大大改善了温室的光温状况，使番茄生育期有所延长。番茄秋冬茬栽培可使番茄在元旦、春节前后上市，具有良好的经济效益，因而发展很快，是一种传统高效的日光温室番茄栽培模式。番茄秋冬茬栽培一般在 7 月上旬至 7 月中旬播种育苗，8 月初定植，单干整枝留 4 穗果至 1 月底结束。

（一）品种选择

番茄秋冬茬栽培的苗期生长在夏季，应选用抗病毒、果形大、果皮厚、耐贮性强的无限生长型中晚熟品种。常用品种有中杂 9、中杂 12、中杂 8 号、L402、毛粉 802、佳粉 17 号、佳粉 15 号、美国大红、卡鲁索等大果番茄品种。

（二）培育无虫苗

日光温室秋冬茬番茄栽培的播种时间在 7 月中旬，育苗可在温室附近搭 1.5~2 m 高覆盖防虫网的中拱棚，顶部覆盖塑料薄膜以防雨水，底边四周通风，若持续高温，中午还应在棚顶覆盖遮阳网，遮光降温。

如采用穴盘育苗，基质以草炭、蛭石（2：1）配好后添加 1% 的干鸡粪、0.1% 复合肥配成。为防病毒病，种子播前先温汤浸种后再用磷酸三钠处理 30 min。播种前应将基质浇透水，然后将种子播于穴盘，然后点穴播种，播种后覆盖基质土，为防苗期病害，应在覆土中按每平方米 1.5~3 g 拌入敌可松粉剂，或覆盖种子后用 800 倍敌可松喷洒苗床表面防病。播种后正处于高温强光环境下，应注意通风、遮光、降温并经常喷水，出苗后应尽早见光，并在防虫网内育无虫苗，以 0.3% 的磷酸二氢钾叶面喷施防徒长。

若采用播种床育苗，则可在中拱棚制出宽 2 m 的畦，畦周埂高 10 cm，宽 20 cm。每棚 2~3 畦，耙平畦面，每平方米撒施过筛的有机肥 20 kg，翻 10 cm 深，使粪土混匀，然后用 600 倍敌可松喷撒床面，苗床灌大水，待水渗下后，按 10 cm 株距穴播，每穴 1~2 粒种子，然后上面覆盖营养土 1 cm。为防治苗期猝倒病及立枯病，可用 50% 多菌灵粉剂、敌可松粉剂或福美霜粉剂掺于盖土中，每平方米覆土用药 8~10 g，亦可用 600 倍药液喷施于土表。播种后一般不浇水，但可在高温中午用喷壶浇水降温。80% 种子出苗后，为防徒长还可叶面喷施 0.3% 磷酸二氢钾或 0.05% 矮壮素。为防蚜虫、白粉虱，除使用防虫网外，还可使用银灰膜驱蚜、黄板诱杀成虫及每周喷施药剂防治虫害，保证幼苗洁净无虫。待幼苗 3~4 片真叶、株高 15~20 cm、苗龄 20~25 d 时小苗即可进行定植，定植前应将苗盘或苗床浇透水。

（三）定植

定植前日光温室应在播种时进行整地施肥，一般亩施优质腐熟有机农家肥 5 m³ 或优质消毒干鸡粪 500 kg，另施入磷酸二铵 50 kg。用旋耕机深翻细耙后，做成 1~1.2 m 的畦，定植行距 0.5~0.6 m，株距 0.3~0.35 m，然后利用旧棚膜高温闷棚 7~10 d，以杀灭土壤病菌。为防止外来虫害，温室风口应设有防虫网。定植时间以 8 月初小苗定植为准，定植后灌大水，水渗下后封穴，每亩栽苗 3 500 株左右为宜。

（四）定植后管理

定植后应注意通风降温，打开前后通风口，必要时中午可使用遮阳网遮阴降温，同时注意采取措施包括挂防虫黄板、防虫网及定期打药，防治可能发生的白粉虱及蚜虫等虫害。缓苗后温度可控制为白天 25 ℃左右、夜间 15 ℃左右，以利于花的分化。当外界最低温降到 12 ℃左右，应关闭后通风窗，白天上午通风降湿，夜间保温，并及时更换新棚膜。当夜间外界最低温降到 8 ℃以下时，夜间开始覆盖保温被或草苫等覆盖物，可通过放风口大小、放风时间和揭盖草苫的早晚来调控节能日光温室的温湿度。秋冬茬栽培，在秋季高温、高湿或冬季低温、高湿时，易诱发晚疫、叶霉、霜霉等病害，可通过环境调节控制湿度或喷施药剂、施放烟雾剂、使用硫黄熏蒸器或施用粉尘剂及时预防，避免严重病害的发生。

日光温室番茄秋冬茬栽培可以用竹竿搭架支撑或吊蔓，一般均采用单干整枝方法，留 4 穗果掐尖摘心，其余侧枝杈子均应及时打去。为改善光温条件，最好选用吊绳吊秧方式进行支撑，有利于植株向上发展和通风透光，可在缓苗后 2 周内插架绑蔓或吊秧。冬季采收期为减少病害和改善下部通风，成熟果穗下部的老、黄叶应及时打掉。

日光温室秋冬茬番茄在花芽分化发育期处于高温期，花穗发育不佳，必须采取措施促进坐果，可使用小喷壶喷施番茄防落素、保果宁等激素处理。此外，为保证果实整齐度和生长均衡，还应注意疏花、疏果，将畸形花和发育不良的小花及花前枝、叶及时摘除，果实坐住后则应注意疏果，每穗留大小一致的 3~4 果即可。

秋冬茬番茄的肥水管理要点是：缓苗后为防止高温不利影响，可小水勤浇，降低地温，促进植株生长。秋冬季减少灌水次数，最好采用地膜滴灌系统以便控制灌水量和降低空气湿度，防止冬季地温过度下降。待番茄第一穗果坐住后，果实膨大时，可进行第一次追肥，每亩追施三元复合肥 15 kg，以后每月第三穗果膨大时再追肥 1 次，可同时施用硫酸钾 8 kg 和尿素 5 kg。采收中后期，还可结合打药防病，叶面喷施 0.2% 磷酸二氢钾或尿素微肥等进行根外追肥，以利于果实着色和防止筋腐病的发生。

番茄第一穗果可在 12 月初开始采收，4 穗果可连续采收到 1 月底。始收时由于温度低、日照短，植株及果实基本停止生长，可以在活秧上逐渐采摘上市。1 月底采摘结束时可将绿熟期后的番茄采收，放在 10~15 ℃的地方贮存，可以延期至春节供应市场。

四、节能日光温室番茄越冬长季节周年栽培新技术

番茄是我国也是世界上重要的设施栽培高产蔬菜品种之一，在荷兰周年长季节设施栽培中，其每平方米产量可达 50 kg 以上。我国目前传统的一年两茬制（春提前与秋延后），存在产量低、费工费种的问题，导致市场供应集中，造成价格波动，不利于增产增收。为此中国农业科学院蔬菜花卉研究所近年来研制成功了温室番茄周年长季节高产栽培技术体系，总结出了温室番茄周年越冬长季节高产稳产规范化栽培技术规程，使番茄采收期延长到 8 个月，可采收 18 穗果以上。具体栽培技术要点及相关配套技术如下。

（一）品种选择

日光温室番茄周年越冬长季节栽培，可以将番茄采收期安排在价格较高的冬春季，大大提高了经济效益，应用前景广阔。日光温室冬季昼夜温差较大，早晨温室内湿度大，凝结的流滴易导致番茄灰霉病、晚疫病等的发生，与秋冬茬栽培相同，番茄品种应选择生长势强、抗性强、高抗病毒病的大果晚熟品种，根据对国内外主要番茄品种的比较，国内粉果番茄以中杂 9、佳粉 15 和中杂 11 号为综合性状均好的高产品种；国外红果品种以荷兰卡鲁索和美国大红表现最佳，大红 1 号、卡鲁索和中杂 9 为适于日光温室长季节栽培的高产优质品种；其他品种如 L402、毛粉

802、中杂 12 及以色列 144、139 与樱桃番茄等亦可用于越冬周年栽培生产。

（二）培育壮苗

越冬周年长季节栽培的播期以 6 月下旬到 7 月初比较适宜，育苗可在温室附近搭建 1.5 ~ 2 m 高且覆盖防虫网的中拱棚，顶部覆盖塑料薄膜以防雨水，四周底边保持通风状态。若遇持续高温，中午还应在棚顶覆盖遮阳网遮光降温。育小苗以 72 孔穴盘基质育苗为佳，育苗基质由草炭与蛭石按 2∶1 配制后，另添加 1% 的干鸡粪和 0.1% 复合肥混匀即可，基质装盘后浇透水，然后穴盘点出 0.5 cm 深的小穴后将干种子直播于穴内，然后覆盖基质土，用喷壶喷洒 600 倍的多菌灵药液以防苗期病害，穴盘底部垫一层塑料地膜以便保持水分和防止地下土传病害的侵入。播种后因处于高温强光环境下，应注意通风、遮光、降温并经常喷水，出苗后应尽早见光并采取措施防虫，培育无虫苗，必要时还可以 0.3% 的磷酸二氢钾叶面喷施来防徒长。

（三）整地施肥

采用测土配方施肥技术，在整地前，先对土壤肥力水平进行测定，然后根据目标产量配方估算施肥量。对于新建温室可采用沟施与铺施相结合的施肥方法，重施基肥。先挖沟沟宽 50 cm、深 50 cm，分层施入有机基肥，包括 1/3 的磷肥、1/3 的钾肥、1/3 的氮肥与全部有机肥，每亩分别沟施腐熟有机肥 10 m^3 及过磷酸钙 120 kg，最后铺施干鸡粪 500 kg 及硫酸钾 75 kg、磷酸二铵 40 kg，用旋耕机混匀后作成宽 1.3 m、高 10 cm、长 6~7 m 的畦。滴灌后，覆银灰色或黑色地膜。

（四）适时定植

采取小苗定植，一般应在苗龄 25~30 d 即 7 月下旬定植为宜，吊秧双行种植，长季节栽培亩定植株数以 2 500~3 000 株为宜，即平均行距为 0.7 m、株距为 0.32~0.35 m。定植后浇足缓苗水，高温促缓苗。缓苗后中耕松土，以利根系发展。

（五）定植后管理及植株调整

番茄开花后坚持用 20 mg/kg 防落素沾花以提高坐果率，在坐果后每两周结合打药，叶面喷施 0.3% 磷酸二氢钾或尿素、硝酸钙及微量元素等叶面肥。采用单干整枝方式，打去所有杈子，维持连续开花坐果，果实成熟采收后及时打去底部老叶，以利通风防病，并适时对双行番茄沿畦面逆向循环放秧。此外，前期夏秋季，日光温室风口应安装防虫网以防虫，并注意前后通风降温。秋冬季则利用风口放风降湿，冬季还可通过棚膜喷施无滴剂及悬挂反光幕来改善光照状况，并采用膜下滴灌改善地温状况。

（六）番茄采收期水肥管理

施足底肥是高产的基础，积极追肥是关键。当第一穗果长至核桃大，第三穗开花时追肥1次，以后秋冬季每30 d即约每3穗果追肥1次，4月份后每15 d追肥1次，共追肥10次，折合每亩共追施复合肥120 kg、硫酸钾100 kg、磷酸二铵100 kg。采用软管滴灌系统，坐果后秋冬季每30 d施肥后灌水1次，每次每亩灌水量20 m³，4月份后每半月1次，6月以后则每周1次随水施肥。秋冬季追肥主要是磷酸二铵和硫酸钾，通过膜下挖穴埋入土中完成。春季随气温、地温升高与灌水量增多，利用施肥罐随水追施尿素、硫酸钾。此外，冬春季，每周选择晴天上午，利用稀硫酸与碳酸氢铵反应，增施1次二氧化碳气肥，以补充温室内二氧化碳。

（七）长季节栽培日光温室的环境控制指标

由于日光温室不具加温装置、全靠日光加温，应通过早揭早盖草苫来提高光照效率。从9月至翌年5月温室的光强与透光率有从强到弱再转强的变化，一方面，冬季光照光强不足，常导致冬季地温与气温偏低，某些棚膜可喷施无滴剂来增加透光率，对光照条件有一定改善效果；另一方面，由于冬季温室温度较低，室内相对湿度常在90%以上，利用风口降湿存在一定难度。而且晚上棚顶凝集的水珠滴落于叶片上，容易引发灰霉病。一旦发病，摘除病果和病叶会对产量造成较大影响，所以应注意施药预防。

秋冬季光强减弱，但温室南侧透光率较大而使南侧光照较强，中北部大部分面积的光照较弱且温差较少，致使日光温室内南北侧光温环境有较大差异。除了表现为南侧果实较大，成熟较早外，南侧强光下的植株株高明显较低，节间距较短，茎较粗壮；中北侧弱光下，植株叶长基本不变，叶宽明显增大，应尽量通过加挂反光幕来减轻此现象。

【课程资源】

日光温室番茄优质高效栽培技术

项目三　番茄田间管理技术

【学习目标】

1. 知识目标：了解并掌握设施番茄水肥、整枝打杈管理技术。

2. 能力目标：了解设施番茄水肥、整枝管理技术，有助于更好地把握番茄生长发育的需求，以提高番茄产量和产品质量。

3. 素质目标：水肥管理技术是番茄丰产的重要保证，熟悉番茄水肥需求、掌握植株调整技术，有助于达到番茄高产、优质、高效的栽培目的，实现科学种植。

任务一　施肥管理

一、施肥

番茄是陆续生长结果的蔬菜，生长期长，产量高，需肥量大，除施足基肥外，还必须根据植株生长的不同阶段合理追施速效肥料，以满足生长、结果的需要。番茄追肥应掌握"由少到多，由稀到浓，前期以氮为主，后期以磷为主"的原则。追肥可以液体方式浇施，若是土壤潮湿，也可在植株旁开穴干施，还可以进行根外追肥，即茎叶喷施。一般番茄生长期间追肥5~6次。

（一）轻施发棵肥

结束蹲苗后开始浇水，并第一次追发棵肥。这个时期幼苗刚缓苗，需氮素营养供根、茎、叶生长。同时，此期营养缺乏，会影响营养生长与花芽分化，导致减产。幼苗定植后以氮素营养为主，最好在第一穗果乒乓球大小时追施。一般定植后10~15 d，结合浇水每亩追施人粪尿500 kg，或尿素10 kg、硫酸铵20 kg。

（二）重施催果肥

在第二穗果开始膨大时，根系吸收养分能力旺盛，此时养分供应十分重要，也是番茄一生中重点追肥期。以氮肥为主，并配施磷、钾肥。一般每亩施磷酸二铵10~15 kg或硝酸铵15~20 kg，也可追施沤制好的饼肥汁液，随水每亩冲施500~800 kg，并配施硫酸钾10 kg左右。

（三）巧施盛果肥

第一穗果采收后，第二穗果膨大时施用盛果肥。因番茄进入果实旺长期，需肥水多，肥料不足易导致落花落果。特别应注意配施磷、钾肥和微量元素肥料，一般亩施三元复合肥或磷酸二铵 40~50 kg，或腐熟稀人粪尿 1 000~1 500 kg，随水冲施。

（四）适当加施接力肥

在番茄整个生长期，可根据土壤、肥力高低、气候条件、植株生长情况，进行多次根外追肥，多以速效性磷、钾、钙、硼、锌等肥料为主。晚熟番茄品种结果期长，产量高，需肥量大，应适时适量追肥，防早衰，一般每次每亩追施硝酸钾 15~20 kg。为了提高品质，延长结果期，以防早衰，结果后期也可进行叶面追肥。根外追肥肥效快，成本低，应选择晴天傍晚或雨后晴天喷施 0.5%~1.0% 磷酸二氢钾或 0.5% 尿素，喷后 2~3 d，叶色转浓绿。若发生脐腐果，可及时喷施 0.5% 氯化钙，连喷数次，防治效果显著。

不同生长类型的番茄在追肥上应有不同。有限生长型的番茄生长期较短，开花、结果、收获期集中，开花结果时对植株营养生长的抑制作用大，大部分肥料应集中在前期特别是开花结果期以后施用，不易发生徒长；无限生长型的番茄，前期要适当控制肥料施用，特别是氮肥不能过多过重，以免引起植株徒长。

二、浇水

番茄枝叶繁茂，结果多，是一种需水较多的蔬菜，不同生育期需水量不同，灌水量也有差别。因此，在整个生长时期都要注意田间水分管理，以促进番茄正常生长发育，提高坐果率和果品商品率。

一般而言，定植时要浇定植水，浇则浇透，隔 3~7 d 幼苗心叶由暗绿转嫩绿时，再浇 1 次缓苗水。缓苗水后，为促进番茄根系下扎、促进发根、达到壮秧的目的，要进行蹲苗，应控制一段时间浇水，否则会导致植株体内水分过多，易徒长。随着植株的不断生长发育，根系吸水量也随之增加，待第一果穗最大果实开始膨大时开始浇水（伴随追肥），以后每隔 10 d 左右浇 1 次水。番茄的需水量到结果盛期达到高峰，盛果期 7 d 左右浇 1 次水，使土壤经常保持湿润，不能干干湿湿，否则易伤根，并诱发青枯病。已发现青枯病的田块，为防止病菌随水流传播，应禁止沟灌。

【课程资源】

施肥管理

任务二　搭架与绑蔓

番茄除直立品种外，大多数品种茎呈蔓性、半蔓性，木质化程度不高。当株高 40 cm 时，茎因承受不了枝叶的重量而倒伏，需要搭架、绑蔓，使群体由平面结构变为立体结构，改善田间通风透光性，减轻病虫危害的机会，并方便田间操作。搭架、绑蔓通常结合整枝进行，以改善植株的生长环境，减少病害发生。

一、搭架

番茄搭架一般在秧苗长到 30 cm 左右时进行，不要太迟，太迟因茎蔓长、侧蔓多，操作不便，且易折蔓、伤叶、碰掉花果。搭架的材料可就地取材，如竹竿、树枝及其他小灌木等。搭架要求架材坚实，插立牢固，架形合理。可根据植株的高矮、生长期长短、整枝方式而定。一般有以下 3 种搭架形式。

人字架：人字架是比较常用的一种搭架方式，搭架的材料长 1 m 左右，在每株番茄外侧各插一根（架材插在距植株 8~10 cm 的地方），再将邻近两行四根架材架头绑在一起，或者架头交错，上面绑一横杆。这种方式支架稳固，可防止果实日烧病及土壤水分蒸发，适用于气候干旱或高温强光季节及地区，适于单干整枝留 2~3 穗果的栽培方法，但通风透光较差。

篱笆架：用竹竿交叉斜插在植株行内侧或外侧，两竹竿相距约 40 cm，上面再适当架设横向竹竿，构成网状结构篱笆，植株及果穗固定在篱笆架上。这种支架通风透光好，适于多雨、湿度大、日照少的季节或地区应用。但挡风面大，遇大风容易造成全畦植株倒伏。

单杆架：架材高 70 cm 左右，在每株番茄旁直插一根。这种插架方法适于植株矮小、高度密植的自封顶型品种。

二、绑蔓

绑蔓是将番茄茎固定于支架之上，防止植株倒伏，确保植株在空间中分布均匀，从而更高效地利用光能的操作。随着植株生长，绑蔓也应分多次进行，植株每增高 20~30 cm，绑蔓一次，整个生育期需绑蔓 4~5 次。绑蔓材料有麻皮、碎布条、包扎带等，绑蔓时松紧需适宜，过松易致茎蔓下滑，过紧则易勒伤茎秆。绑蔓方式需依据栽培方式而定。由于架材插于植株外侧，绑蔓时应先将植株茎蔓引至架杆内侧绑缚一道，再引至外侧绑缚一道，这样有利于植株通风透光及茎叶舒展。绑蔓时应注意，扎绳应扎于每穗果实下方，以防坐果后因果实重量增加而被夹在扎绳处。另外，在茎蔓与扎绳间绑成"8"字形，避免茎蔓与架材相互摩擦或下滑。番茄每株的花序基本分布于植株一侧，应使果穗远离架杆，防止果实膨大后被夹在茎秆与架杆间形成畸形果。

【课程资源】

搭架与绑蔓

任务三　番茄整枝技术

番茄侧枝发生能力强，整枝就是去掉叶腋中长出的多余侧枝，减少养分消耗，从而控制茎、叶营养生长，促进花、果实发育。合理整枝可以达到减少病害发生、早熟、高产、改善品质等目的。

根据需要对番茄生长出的枝杈生长点进行有选择的保留、摘心或去除。常用番茄整枝方法有以下4种。

一、单干整枝

是温室栽培最常采用的番茄整枝法，主要采取的是保留主枝，将花下枝杈及其他枝杈在3~5 cm时一律打掉的方法。此法的优点是技术简单，能够保持番茄整齐和长势，适于短期密植栽培或长期栽培。番茄植株可以使用吊绳或插架支撑，但由于生长的阶段性，长季节栽培常易发生周期性坐果等现象。与此类似的还有一干半整枝和改良单干整枝，一干半整枝是指在第一穗果下面留1条侧枝，在侧枝上留1穗果，果前留2片叶，然后掐尖摘心，主枝沿用单干整枝的方法；改良单干整枝是在第一穗果下面留一侧枝，掐花摘心后作为营养枝保留下来，其余部分的整枝方式与单干整枝相同。

二、双干整枝

在番茄第一穗花开花后，保留粗壮花下枝，使其发育成枝干，与原有主枝共同上引成为两个果枝，其后管理与单干整枝相同，即将所有杈子一律去除的方法。此法的优点是节省种苗，适于稀植，但要求苗相对整齐健壮，同时土壤肥力要求高。

三、换头整枝

前期采用单干整枝方式，但在番茄第三或第四穗花开花后，主茎掐尖使其停止生长，而保留第三或第四穗的花下枝杈，使其进一步生长成为主枝，后续各穗花均按此方式处理。优点是可以防止因连续单干整枝导致的周期性坐果不良现象，但其技术难度较大，换头后应注意防止断头或果实坠秧。

四、连续换头整枝

此法是日本科学家根据番茄生理生长发育需求研制的番茄整枝技术，其主要方法是当番茄第一或第二穗花开花后，保留其花下主侧枝，对主枝留2穗花后生长点掐尖，将主侧枝当作主枝导引；在其上第三穗花开花后，保留第三穗花下枝，主枝留 2 穗果后生长点掐尖，其余侧枝一律除掉，花下枝作为主枝，以后管理以此类推。当主枝两穗果坐住后，对保留作为主枝的侧枝基部进行扭枝处理以防果实坠断果枝。此法可有效降低番茄植株高度，适于稀植和长季节栽培，但田间管理技术要求高，应用较少。

【课程资源】

番茄整枝技术

任务四　番茄打杈摘心

番茄是连续开花连续坐果的植物，受内外环境的制约，为保证番茄高产，不可能任其自然生长，必须对其进行人工调整。

一、打杈

打杈是对侧枝的处理，有利于植株通风透光，避免养分无谓地消耗。基于栽培需求，番茄结果枝条上的侧枝需及时去除。整枝打杈时应注意番茄地上部和根系有着相互促进的关系，过早打杈会影响根系生长，降低植株生长势，从而会造成植株早衰。打杈不宜过晚，否则养分损耗、植株疯长易造成群体郁闭，不利于果实迅速膨大。一般当侧枝长到 5~10 cm、2 叶 1 心时最适宜。打杈时一般应留 1~3 片叶，不宜从基部掰掉，以防损伤主干。留叶打杈可增加营养面积，促进植株生长发育，特别是促进杈附近的果实生长发育。

打杈的方法有"推杈"和"抹杈"2 种，尽量减少手与茎蔓的接触，切勿采用指甲掐断枝杈的方法。要求不留桩，不带掉主干上过多的皮，尽可能减少伤口面，一般不用剪刀等工具（剪刀容易传染病毒）。

打杈应在晴天进行，最好在 10 时至 15 时，这时温度高，伤口易愈合。下雨天及露水未干时打杈易引起腐烂，发生病害。

在打杈时，对于有病毒症状的植株，应单独对其进行打杈操作，避免人为传播疾病。

二、摘心

根据栽培目的，果枝上的果穗生长到一定数目时，为了使主茎不再伸长，使养分更集中地运转到果实中去，应将最上果穗前留 2 片叶掐尖打顶，称为摘心。摘心后生长点停止营养生长，提高了根重与茎叶重的比值，使植株在形态、结构、功能方面趋于和谐，促使叶片养分更集中地运往果实，推动果实生长。

单干整枝的在最上一层花穗上保留 2 片叶，将上面的嫩梢打掉。这 2 片叶叫保护叶，又叫营养叶，能使顶部果穗免受曝晒，防止日烧病，还能保证果实有充足营养供应，长足长大，正常红熟。对于侧芽，通常不从基部去除，而是保留 1~2 片叶进行摘心处理。如此操作，既能控制侧枝生长，又可使侧枝制造一定养分，助力主枝生长。一干半整枝的摘顶留主干方法同单干整枝，此外在第一穗果下方的一条侧枝（强侧枝）留 1 穗果后再留 2 片叶摘心，将其他侧枝全部去掉。单干换头整枝时，主干摘心在第 3 花穗出现后进行，保留 2 片真叶摘心。待第 1 穗果坐住后，在第 2 穗果下选留一个侧枝替代主枝生长，其余侧枝全部去除。后续当这个新生侧枝出现第 3 花穗后，同样保留 2 片叶摘心，依此循环操作。

摘心时期不宜过早或过迟，一般在收获前 40 d 即第一朵花长足时进行。过早，则花穗小，不易操作；过迟，花穗过大，甚至开花，则摘心部分过多，植株损伤过大。

三、疏花疏果

由于番茄花和花穗发育的时序性，同一植株的花和果实发育时间很不整齐，因此，生产上除了整枝外，还要进行必要的疏花、疏果。疏花、疏果就是对发育明显滞后的幼花、幼果和畸形花果进行摘除，以保证其余果实发育的营养供给和果实整齐度。

四、防止落花落果

（一）落花落果的原因

1. 低温。这是影响落花的主要原因。番茄花芽分化和花器形成都是在苗期进行的，苗期温度过低，或者较长时间处于 5~7 ℃的低温状态，即影响花芽分化和花器形成，造成落花。

2. 光照不足。番茄喜光，对光照条件反应敏感。当光照不足特别是遇到连续阴天时，光合作用减弱，碳水化合物合成或供应不足，从而造成雌蕊萎缩或影响花粉生命力、花粉萌发和花粉管伸长而引起落花落果。

3. 高温。番茄花粉发育适温为 20~30 ℃，当棚温白天达 35 ℃、夜温高于 20 ℃，或白天 40 ℃高温持续达 4 h，尤其在开花前 5~9 d，花粉母细胞减数分裂期最容易受害，以致花器发生障碍而造成落花。

4. 湿度过高或过低。温室内空气相对湿度较大，花粉粒吸水膨胀，难以从花药中散发出来，从而影响授粉而造成落花。番茄喜欢湿润的土壤条件，若土壤干旱缺水，植株得不到充足的水分，花粉粒干瘪，花粉管细弱，雌蕊柱头变褐，表层细胞死亡，导致落花。同时，干旱也影响植株对养分的吸收，从而使光合作用受抑，激素分泌物减少，形成离层而落花落果。

5. 营养竞争。营养不足或养分分配不当，引起营养生长与生殖生长之间失衡，造成落花。特别是留多果穗的，因前几穗已坐果，需要大量养分供应使果实膨大，如后期追肥跟不上，即影响养分向上端花穗运输，会造成后期落花。

6.激素使用不当。使用生长激素类药剂，浓度过小，坐不住果，浓度过大，植株不同程度受到药害，造成落花落果。

（二）防止落花落果的措施

1.综合技术措施。育苗时加强苗期管理，培育健壮秧苗，增强幼苗对不良环境的适应性。适时适龄定植，在分苗和定植时要尽量带土坨，减少根系损失。定植后要加强肥水管理，保持土壤湿润。做好防寒保温措施，避免低温影响。此外温度及湿度过高时及时通风降温降湿。要及时整枝打杈，合理调节植株营养生长和生殖生长的关系，防止徒长。植株生长后期要加强追肥、灌水，防止脱肥早衰，要防治病虫危害和机械损伤。

2.使用植物生长激素。植物生长激素能刺激植物器官的新陈代谢，使处理部位的生理机能旺盛，抑制离层形成，使营养物质流向正常发育的子房，加速子房发育。即使在正常条件下用植物生长激素处理花朵，也能加速坐果，提高坐果率。

目前广泛使用的植物生长激素有防落素（又称番茄灵），这种激素可以被吸收、渗透到花器中，弥补因为温度不适等原因少产生或不产生植物激素的欠缺，能和花器本身形成的激素一样促进果实发育，起到防止落花落果的作用。赤霉素虽然也有刺激生长的作用，但作用较小，只能使未受精果实形成较小的豆果，所以不宜采用。

将激素兑水配制成适宜浓度后，当番茄每花序上有3~5朵花开放时，就可以用配制好的稀释液进行处理。

蘸花法：应用防落素时可采用此法。温度低时使用浓度取高限，温度高时使用浓度取低限。生产上应严格按照说明书配制。将配好的药液倒入小碗，把开有3~4朵花的整个花穗浸入激素溶液中蘸一下，随后用小碗边缘轻触花序，使花序上多余的激素流回碗内。该方法防落花落果效果良好，同一果穗上的果实生长整齐，成熟期一致，省工省力。

喷雾法：应用番茄灵可采用喷雾法。当番茄每穗花有3~4朵开放时，用装有药液的小喷雾器或喷枪对准花穗喷洒，确保雾滴布满花朵且不滴落。该方法中激素使用浓度与蘸花法一致。

使用植物生长激素时需注意：①浓度不可过高，否则易引发果实畸形或裂果。②在适宜浓度范围内，气温较低时浓度可适当提高，气温较高时浓度应适当降低。③采用喷雾法时，务必将药剂喷在花序上，切勿喷到叶片，以免导致茎叶扭曲皱缩。④不宜对花朵进行重复处理，应遵循先开先蘸、后开后蘸的原则，每朵花仅能蘸一次，防止因药量过大造成果实畸形。⑤蘸过植物生长激素的果实无种子，不可用于留种。

番茄花序上的花陆续开放，药剂处理时应选取当天开放、花瓣呈喇叭状的花朵，此时处理最为适宜。过早处理，花蕾过小，药液会抑制果实发育，易造成僵花；过晚处理，花已开过，花柄离层可能已形成，药效会降低甚至无效。所以，同一花序上的花，应依据开花先后顺序分批处理。

喷过植物生长激素的果实发育快，对水肥吸收能力增强，水肥管理因此要加强，浇水要早一些，水量要大一些，并结合追肥才能使之发挥更大作用。

此外，还要注意配制植物生长激素的容器最好是搪瓷盆、玻璃器皿等，不要用金属容器，以免发生化学作用。

【课程资源】

番茄打权摘心

任务五　番茄吊蔓

一、吊蔓传统方式

番茄除少数直立型品种及罐藏番茄采用无支架栽培外，设施番茄必须采取措施，进行支撑以防倒伏。设施长季节栽培和秋冬季栽培最好使用铁丝吊绳系统进行支撑。传统的番茄吊蔓方式是将吊绳的上端固定在拉设好的吊绳铁丝上，下端拴在番茄植株上。这种吊蔓方法常会出现随着茎秆变粗、坐果增多，吊绳会勒进番茄茎秆内，影响养分及水分的正常运输，甚至勒断茎蔓，影响植株正常发育等问题。此外，此法费工费力，增加了生产成本。

二、吊蔓新方式

在对应已拉设好吊绳铁丝的下方距地面20 cm处，顺种植行拉一根铁丝，吊蔓时，将吊绳上端固定于吊绳铁丝，下端呈45~60°角斜向拉紧，固定在下方铁丝上，随后直接将番茄茎蔓盘绕在吊绳上，无须再拴在茎秆处。这样不仅可以避免勒伤茎秆，而且在落蔓时操作也很方便。对于栽培面积较大的园区或生产大户，可以利用空闲时间提前绑好吊绳，以备番茄长高后再把茎蔓盘绕在吊绳上，有效减轻劳动压力。

【课程资源】

番茄吊蔓

任务六　番茄打叶及落秧技术

番茄越冬周年长季节栽培的特点是一年一大茬，番茄生长期长且连续采收供应。长季节栽培植株生长期长，茎蔓较长，对植株的调整除了打杈、打叶、疏花、疏果外，还要及时落秧以保证植株上部有生长空间。

一、番茄打叶

在日光温室番茄栽培的中、后期，及时打掉植株下部的老叶、黄叶、病叶，不仅可以改善通风透光条件，减少蔬菜病害的发生与传播，还可以避免这些叶片消耗根系吸收的营养，促进植株更好地生长发育。

二、番茄落秧

番茄落秧是长季节番茄采收期后最重要的工作，常用的方法有原地盘秧法和畦向逆时针循环落秧法。

（一）原地盘秧法

原地盘秧法，即解开秧绳后，将番茄植株下放至底部盘圈，降低其高度，随后用同一根秧绳重新固定植株。优点是放秧操作简便，但因番茄植株较为脆弱，易碰断或折断，不适用于长期栽培。

（二）畦向逆时针循环落秧法

畦向逆时针循环落秧法，较适用于长距离大面积的单干整枝放秧场景。在番茄长季节栽培中，采用吊绳吊秧方式，吊绳一端固定在畦上端的铁丝上，另一端绑在番茄植株基部。随着植株生长，松开底部吊绳，将植株沿畦方向放倒，随后将番茄植株拴系在左侧另一根吊绳上，以此方式，逐一放倒所有植株，直至操作完成。

节能日光温室因高度较低，一般每1个月采收2~3穗果放秧1次，每次放秧0.5~1 m，放秧前先采收底部成熟果穗，打掉底部老叶，然后对上部植株进行整枝、打杈后，重新固定拴在绳上即可。操作一般应在晴天上午进行。亦可采用铁丝做成双钩将吊绳绕于其上，钩在顶端铁丝上，当番茄生长至顶端铁丝时，将上部吊绳逐步下放，基部的秧放于地上铁丝支架上，待底部果实成熟采摘后再放于地下，以防烂果。不断生长不断放秧，连续采收9个月的番茄植株可生长至8~10 m长。

设施栽培技术是在可控环境下进行的蔬菜生产技术，以高产、优质、全季节生产来实现温室设施的高效利用，大大提高了农业对土地、光温及劳动力的利用率，是现代农业的重要组成部分。温室蔬菜的长季节生产是实现高产、稳产和均衡供应的重要生产技术，国外温室蔬菜生产已经普遍得到应用。随着国内设施农业技术的不断进步，温室可控水平持续提升，设施全季节高产栽培技术已成为国家 863 研究项目的重要研究内容之一。中国农业科学院蔬菜花卉研究所设施栽培研究开发中心通过研究和技术攻关，成功实现温室番茄长季节栽培，番茄年生长期达 11 个月，采收期 8 个月，番茄年产量突破 20 t，已在生产中大面积推广。

温室番茄长季节栽培较传统两茬制栽培，虽然省去了播种、定植等繁重劳动，但由于国内温室以节能日光温室为主，高度仅 2~3 m，在正常生长条件下，每月均需放秧 1~2 次，每次放秧约 0.5 m，占用了很多劳动时间。因此，放秧效率低下严重制约了长季节生产效率的提升。此外，传统栽培多采用聚丙烯塑料绳吊秧，放秧时需经过解绳、落秧、捆绑等工序，不仅收放过程耗费人力与时间，还容易碰断秧头或根部，导致缺株现象。而且塑料绳每年都会老化，拉秧时混在菜秧中难以清理，造成环境污染，新购塑料绳又增加了生产成本。因此，亟待提高生产效率，节本增效，从而促进温室长季节高产高效栽培技术的推广。

【课程资源】

番茄打叶及落秧技术

项目四 实训

实训一 番茄定植技术

一、目的要求

定植是番茄育苗移栽过程中的重要环节。通过实训，掌握番茄定植方法及技术。

二、技术环节

（一）试材与用具

适合定植的番茄适龄秧苗；已做好的畦；水桶、水勺、小铲等。

（二）技能操作

1. 定植时期

春季定植时期是当地晚霜结束后或 10 cm 地温达到 12~15 ℃，秋季定植期以早霜之前收获完毕为准，根据生育向前推算。

2. 定植密度

一般番茄定植行距 50~60 cm，株距 30~40 cm。

3. 定植深度

一般以不埋住子叶和生长点为宜，徒长苗适当深栽。

4. 定植方法

（1）明水定植。在做好的畦内，按株行距开穴或开沟栽苗，覆土封穴（沟）后逐畦浇足水。其优点是定植速度快，省工，根际水量充足；缺点是易降低地温，表土易板结。一般用于夏秋季高温季节蔬菜定植，应选择阴天、无风的下午或傍晚定植为宜。

（2）暗水定植。在做好的畦内，先按株距、行距开穴，逐穴浇足水，待水渗下一半时，摆苗坨，水完全下渗时覆土封穴。此法因地温不易下降，常用于低温季节蔬菜定植。应选择晴朗、无风的中午定植为宜。

无论哪种定植方法，起苗、运苗、栽苗过程中要轻拿轻放，不伤根、不散坨。

三、考核标准

番茄定植技术考核标准见表 4-1。

表 4-1 番茄定植技术考核标准

班级：_____ 姓名：_____ 学号：_____

考核项目	考核标准	分值（分）	得分（分）
定植时期判断	能依据当地气候特点正确判断定植时期	20	
定植密度设置	按要求设置行距、株距	20	
定植深度把握	根据定植苗的实际状况，准确把握定植深度	10	
明水定植	在畦内按株行距规范开穴或开沟	10	
	栽苗后覆土封穴（沟）操作熟练，覆土量适中	5	
	逐畦浇足水，水量控制合理	5	
暗水定植	在畦内按株距、行距准确开穴，开穴深度适宜	10	
	逐穴浇足水，水量控制得当	5	
	及时摆苗坨，摆放位置准确	5	
	正确覆土封穴，覆土量合适	5	
起苗、运苗、栽苗	起苗、运苗、栽苗过程中轻拿轻放，无损伤幼苗根系和弄散苗坨现象	10	
幼苗成活率	定植后幼苗成活率达到 95% 以上	30	
合计		100	

实训二 番茄植株调整技术

一、目的要求

蔬菜植株调整是蔬菜生产过程中田间管理的重要内容。通过实验实训，掌握蔬菜植株调整的一般技术。

二、技术环节

（一）支架

蔬菜支架有"人"字形架、单杆架、四角锥形架、井字架等。支架一般在植株甩蔓时进行。插杆应距离植株基部 8~10 cm。

（二）整枝、打杈、摘心

蔬菜的基本整枝方法有单干（蔓）整枝（只留主干，去掉所有侧枝）、双干（蔓）整枝（只留主枝及其第一花序下侧枝）。当侧枝长到 6~7 cm 时打杈为宜。摘心时应注意果实上部要留几片叶子。

（三）绑蔓

绑蔓是对支架栽培的蔬菜进行人工引蔓和绑扎固定的一项作业，一般采用"8"形绑蔓法。

三、考核标准

番茄植株调整技术考核标准见表 4-2。

表 4-2 番茄植株调整技术考核标准

班级：_____ 姓名：_____ 学号：_____

考核项目	考核标准	分值（分）	得分（分）
支架方法	能根据实际情况，正确选择支架类型中的一种进行操作	5	
	在植株甩蔓时及时进行支架搭建	5	
	插杆距离植株基部位置正确	5	
	支架搭建牢固，能承受植株后续生长重量	5	

（续表）

考核项目	考核标准	分值（分）	得分（分）
整枝技术	准确判断并熟练运用单干（蔓）整枝或双干（蔓）整枝方法	20	
	操作过程中，对主干和侧枝的区分及处理准确无误	10	
	整枝后植株形态合理，利于通风透光和后续生长	10	
打杈技术	能准确判断侧枝并进行打杈操作	10	
	打杈操作规范，不损伤主干及其他正常生长部位	10	
	打杈后及时清理剪下的侧枝，保持田间整洁	5	
绑蔓技术	熟练运用"8"形绑蔓法对番茄植株进行引蔓和绑扎固定	10	
	绑蔓时力度适中，既固定植株又不勒伤茎蔓	5	
	每株番茄的绑蔓位置合理，分布均匀	5	
	绑蔓材料选择合适，绑扎牢固且持久	5	
	绑蔓完成后，整体植株分布整齐有序	5	
合计		100	

练习与思考

1. 简述番茄定植前需要做哪些准备工作。

2. 简述番茄幼苗定植时的注意事项。

3. 春季塑料大棚早熟栽培技术要点是什么？

4. 日光温室秋冬茬番茄栽培技术要点是什么？

5. 简述摘心和打杈的主要作用。

6. 简述番茄落花落果的原因及其防治技术。

模块五 设施番茄病虫害防治技术

（4 学时，理论 4 学时）

项目一 病害防治

【学习目标】

1. 知识目标：了解番茄立枯病、叶霉病、病毒病等病害的危害症状、发病原因和发病时间，掌握正确识别、诊断番茄病害。

2. 能力目标：能够对番茄病害进行准确识别和诊断，具备判断病害种类和病情严重程度的能力；具备监测和管理番茄病虫害的能力，及时调整防治策略。

3. 素质目标：使学生认识到番茄病害对产量和品质的影响，增强番茄病害防治的意识和积极性；培养学生遵循环保、绿色、可持续发展的理念。引导学生关注农业生产中的实际问题，培养解决实际问题的能力。

任务一 常用杀菌剂基本特性

一、常用杀菌剂

（一）氢氧化铜

氢氧化铜亦称可杀得或冠菌铜，外观为蓝色极细微多孔针形晶体，是一种保护性低毒杀菌粉剂，主要用于番茄早疫病的防治。其作用机理是铜离子与病原菌蛋白质中的巯基等基团相互作用，从而导致病菌死亡。可在番茄早疫病发病前或初见病斑时喷药防治，每隔 7~10 d 喷药 1 次，连续喷药 3~4 次，每次每亩用 77% 可杀得可湿性粉剂 200 g 稀释 500 倍左右后喷施。

（二）代森锰锌

代森锰锌亦称大生，属有机硫杀菌剂，是一种低毒广谱保护性杀菌剂。其作用机理是与参与丙酮酸氧化的二硫辛酸脱氢酶中的巯基结合，从而抑制菌体内的丙酮酸氧化过程达到抑制真菌或细菌等病菌的生长。可在番茄早疫病发病前或初见病斑时喷药防治，每隔 7 d 喷药 1 次，连续喷药 3~4 次，每次每亩用 70% 代森锰锌可湿性粉剂 200 g 稀释 600 倍后喷施。

（三）百菌清

百菌清属取代苯类杀菌剂，亦称达科宁，是一种高效、安全的非内吸广谱杀菌剂，残效期长而且作用稳定。其作用机理是通过与真菌中三磷酸甘油醛脱氢酶中的半胱氨酸结合，破坏酶的活力，使真菌细胞的新陈代谢受到破坏而丧失生命力。它对多种真菌病害具有预防作用，因具有良好的黏着性，其药效期较长，可达 7~10 d。可用于番茄早晚疫病及叶霉病、斑枯病、炭疽病等病害的防治，可在发病前或初见病斑时喷药防治，每隔 7 d 喷药 1 次，连续喷药 3~4 次，每次每亩用 75% 百菌清可湿性粉剂 150 g 稀释 500 倍左右后喷施。冬季为降低日光温室湿度亦可用百菌清烟雾剂或粉尘剂防治病害。

（四）福美双

福美双属有机硫杀菌剂，属中毒广谱保护性杀菌剂，主要用于处理种子和土壤，防治番茄立枯病等苗期病害。使用时可将 50% 福美双可湿性粉剂按 2% 比例掺于覆盖基质或土中，亦可掺于苗床土中，亦可用 500 倍液喷于土表或苗床消毒。

（五）多菌灵

多菌灵属苯并咪唑类低毒内吸广谱性杀菌剂，其作用机理是干扰真菌的有丝分裂中纺锤体的形成，从而影响其细胞分裂，对细菌病害无效。使用时可将 50% 多菌灵可湿性粉剂 600 倍液喷施于土表或幼苗，用于番茄苗期病害预防和定植后对各种真菌病害如茎基腐病、根腐病等的预防。

（六）甲基托布津

甲基托布津亦称甲基硫菌灵，属苯并咪唑类广谱低毒内吸杀菌剂，具有内吸、预防和治疗等多种作用。它在植物体内可转化为多菌灵，干扰菌的有丝分裂而杀菌。可在番茄叶霉病发生初期喷药，每隔 7~10 d 喷药 1 次，连续喷药 3~4 次，每次每亩用 50% 甲基托布津可湿性粉剂 50~75 g 稀释 800~1 000 倍喷施进行防治。

（七）乙磷铝

乙磷铝亦称疫霉灵、疫霜灵，属内吸性低毒有机磷杀菌剂，作物吸收后能在植物体内上下传导，具有保护和治疗作用，对番茄疫病、霜霉病等有良好防效。使用时每隔 7 d 喷药 1 次，连续喷药 3~4 次，每次每亩用 40% 乙磷铝可湿性粉剂 300 g 稀释 500 倍后喷施。

（八）甲霜锰锌

甲霜锰锌是具有保护和治疗作用的内吸性杀菌剂。其作用机制是抑制真菌核糖核酸的合成，可随植物茎叶上下传导。代森锰锌是广谱保护性杀菌剂，二者复配后可延缓甲霜锰锌抗性产生，使药效更好。用于番茄病害防治，可在发病前每隔 7 d 喷药 1 次，连续喷药 3~4 次，每次每亩用 58% 甲霜锰锌可湿性粉剂 150~180 g 稀释 500 倍喷施。

（九）霜脲锰锌

霜脲锰锌商品名克露，由具有内吸作用的霜脲氰和保护性杀菌剂代森锰锌混配而成。霜脲氰可抑制霜霉病和疫病的孢子萌发，代森锰锌可延长持效期。在番茄晚疫病发生之前或初发期，每隔 5~7 d 喷药 1 次，连续喷药 3~4 次，每次每亩用 72% 克露可湿性粉剂 140~180 g 稀释 500 倍后均匀喷洒。

（十）腐霉利

腐霉利亦称速克灵，是具有保护和治疗作用的低毒内吸杀菌剂，对番茄灰霉病有效果。在病害发生前或病害发生初期，每隔 7~10 d 喷药 1 次，连续喷药 2 次，每次每亩用 50% 速克灵可湿性粉剂 50~100 g 稀释 1 000 倍后喷施或使用 10% 腐霉利烟剂 200~300 g 烟雾防治。

（十一）异菌脲

异菌脲商品名亦称扑海因，属触杀型保护性杀菌剂，其作用机理是破坏真菌孢子的萌发和产生，可用于番茄早疫病的防治。在病害发生初期，每隔 7 d 喷药 1 次，连续喷药 3~4 次，每次每亩用 50% 异脲菌可湿性粉剂 100~200 g 稀释 500 倍左右后喷施。

（十二）瑞毒霉

瑞毒霉商品名亦称甲霜安、雷多米尔，属杂环类杀菌剂，内吸杀菌，双向传导，可用于番茄疫病和苗期病害的防治。在病害发生初期，每隔 7 d 喷药 1 次，连续喷药 3~4 次，每次每亩用 58% 可湿性粉剂 100~200 g 稀释 600 倍左右后喷施。

（十三）乙烯菌核利

乙烯菌核利亦称农利灵，属二甲酰亚胺类触杀型保护性杀菌剂，其作用机理是干扰细胞核功能，并可改变膜的渗透性，可用于番茄灰霉病的防治。在病害发生初期，每隔 7~10 d 喷药 1 次，连续喷药 3~4 次，每次每亩用 50% 农利灵可湿性粉剂 75~100 g 稀释 1 000 倍后喷施。

（十四）三唑酮

三唑酮即粉锈宁，属三唑类高效、低残留、持效期长的低毒杀菌剂。其作用机理是抑制菌体麦角甾醇的生物合成，进而抑制菌丝孢子的生长，能被植物表面吸收后上下传导，对番茄白粉病具有防治作用。在病害发生初期使用，可用 15% 烟雾剂 60 g 或 20% 三唑酮乳油 40 mL 稀释 1 500 倍后喷施。

（十五）杀毒矾

杀毒矾属高效、低毒、内吸式杀菌剂，由 50% 代森锰锌和 8% 苯基酰胺类内吸杀菌剂复配而成，能被植物表面吸收后上下传导，是有良好触杀性能的广谱保护性杀菌剂，对番茄疫病具有防治作用。在病害发生初期使用，可用 64% 可湿性粉剂稀释 600 倍后喷施。

（十六）硫酸铜

硫酸铜又称蓝矾，系蓝色块状结晶，低浓度下能抑制大多数真菌孢子萌发。一般用 0.1%~0.2% 硫酸铜溶液叶面喷施，可防治番茄疫病等真菌病害，但配制时不能用铁器。

（十七）波尔多液

波尔多液由硫酸铜、生石灰和水混配而成，是一种传统保护性杀菌剂。由 1 份硫酸铜、0.5 份生石灰和 240 份水混配的波尔多液可用于番茄疫病防治。

（十八）硫黄粉

硫黄粉是淡黄色固体粉末，加热后易升华蒸发，常用于硫黄熏蒸器消毒温室大棚或预防番茄白粉病。

【课程资源】

常用杀菌剂基本特性

任务二 常见病害及防治方法

一、真菌性病害防控

（一）猝倒病、立枯病

【症状】番茄猝倒病与立枯病都是由真菌引起的苗期植物病害，植株发病症状相似，不易区分。猝倒病表现为幼苗根系先死亡，茎基部随之变成水渍状，后缢缩而倒伏，发病速度快。床土潮湿时，病苗表面和附近床面上产生白棉絮状丝。立枯病一般发生在育苗的中、后期。发病初期茎基部产生椭圆形暗褐色斑，病苗白天萎缩，夜间恢复，以后病斑逐渐凹陷，扩大后绕茎一周，最后茎基部收缩干枯，植株死亡。发病速度较猝倒病慢，幼苗不折倒，土壤潮湿时，病部有同心轮纹及淡褐色蛛丝网状霉。

【病因】猝倒病是由鞭毛菌亚门腐霉属真菌侵染所致，立枯病由真菌半知菌亚门立枯丝核菌侵染所致。两种病在苗床低温高湿、高温高湿、通风排湿不良、光照不足时最易发病。在土壤水分多、施用未腐熟的有机肥、播种过密、幼苗衰弱、土壤酸性等的田块发病较重。

【防治方法】猝倒病和立枯病应采用预防为主、药剂防治为辅的综合防治措施，重点加强苗床科学管理，培育壮苗，防止苗床或育苗盘高温高湿条件出现。催芽播种时，催芽不宜过长，以免降低种子发芽能力。也可用种子重量 0.3% 的 70% 敌克松原粉或 50% 多菌灵拌种。育苗土可用 40% 拌种双粉剂，或 25% 甲霜灵可湿性粉剂，或 50% 多菌灵可湿性粉剂 8~10 g，拌入 10~15 kg 干细土配成药土，下铺 1/3，上盖 2/3 预防。苗期喷洒 0.1%~0.2% 磷酸二氢钾和光合营养膜肥，可增强植株抵抗力。化学防治可在发病初期用 15% 恶霉灵水剂 1 000 倍液，或 72% 杜邦克露可湿性粉剂 600 倍液，或 52.5% 杜邦抑快净水分散粒剂 2 000 倍液，或 72.2% 普力克水剂 800 倍液加 50% 福美双可湿性粉剂 800 倍液喷淋，视病情隔 7~10 d 喷 1 次，连续喷施 2~3 次。

（二）灰霉病

【症状】灰霉病主要危害花果，亦可危害叶片和茎。灰霉病菌侵入果实，在果实表面形成外缘白色、中央绿色的圆形病斑，病斑直径 3~8 mm，俗称"花脸斑"，此后软腐，病部长出大量灰绿色霉层，严重时果实脱落，失水后僵化，如图 5-1。

叶尖病斑开始呈 V 形向内扩展，水渍状，浅褐色，深浅相间轮纹，潮湿时病斑表面可产生灰霉，叶片枯死，如图 5-2。茎染病产生水渍状小点，迅速扩展成长椭圆形，潮湿时表面生灰褐色霉层，严重时可引起病部以上植株枯死。

图 5-1　果实灰霉病症状　　　　图 5-2　叶片灰霉病症状

【病因】番茄灰霉病是由半知菌亚门、灰葡萄孢菌侵染所致，为真菌性病害。条件适宜时，萌发菌丝，产生分生孢子，借气流、水流和管理操作接触进行传播。气温 4~32 ℃均可发病，适宜的温度为 20~25 ℃。番茄灰霉病对湿度要求严格，空气相对湿度达 90% 时开始发病，高湿维持时间越长，发病越严重。特别是秋冬茬和冬春茬设施番茄最易发生灰霉病。

【防治方法】加强管理，增强棚室的保温性能；实行高垄覆膜栽培，膜下滴灌，降低田间湿度；注意摘除病果病叶、老叶、黄叶，保持植株通风透光；发现病株及时清除，减少菌源。化学防治可用 50% 腐霉利可湿性粉剂 800~1 000 倍液，或 40% 嘧霉胺悬浮剂 800~1 000 倍液，或 50% 乙烯菌核利水分散粒剂 1 000 倍液，或用 5 亿活孢子 / 克木霉菌水溶剂 300~500 倍液等药剂轮换用药进行防治。

（三）晚疫病

【症状】晚疫病发生于叶、茎、果实，以叶片和青果受害严重。苗期发病较少，主要在成株期，此时感染多始于叶尖、叶缘，出现暗绿色不规则的水浸状病斑，后转为褐色，叶背面出现灰褐色病斑、白色霉层。感病茎出现污黑色条状斑，病斑稍凹陷；到了中期，病斑沿着茎向上和向下扩展，病斑呈长条形，病斑颜色也逐渐加深；到了后期，病斑绕茎一周，如图 5-3。青果极易染病，初呈暗绿色油状，渐渐呈不规则云纹状棕褐色病斑，果实硬质不软腐，边缘不变红，湿度大时会长出少量白色霉状物，如图 5-4。

图 5-3　茎晚疫病症状

图 5-4　果实晚疫病症状

【病因】番茄晚疫病是由番茄壳针孢属致病疫霉菌引起的一种真菌病害。病苗和病种是晚疫病的主要来源，栽培管理上适宜温度和高湿环境容易造成晚疫病发生传播，通常气温在 25 ℃潜育期最短，相对湿度 70% 以上时，仅为 3~4 d。此外，栽培密度大、土壤肥力不足、湿度过大、氮肥过多都有利于病害的发生。

【防治方法】选择高抗晚疫病品种，如罗拉、中蔬 5 号等。合理施用氮肥，增施钾肥。采用高垄栽培，合理密植，加强通风透光管理。发现病株彻底清除，尽量减少传染源。化学防治可用 58% 甲霜灵锰锌可湿性粉剂 500 倍液，或 25% 瑞毒霉可湿性粉剂 800~1 000 倍液，或 60% 杀毒矾可湿性粉剂 500 倍液，或 72% 霜脲锰锌可湿性粉剂 600~800 倍液，结合 45% 百菌清烟剂，每亩每次用 250 g，每 7~10 d 用药 1 次，连续防治 2~3 次。

（四）早疫病

【症状】番茄早疫病又称"轮纹病"，主要危害叶片，亦危害幼苗、茎和果实。幼苗染病，在茎基部产生暗褐色病斑，稍凹陷有轮纹。成株期叶片被危害时，多从植株下部叶片向上发展，初呈水浸状暗绿色病斑，然后扩展为黑褐色轮纹斑，边缘有浅绿色或黄色晕环，中间有同心轮纹，且轮纹表面生毛刺状物，潮湿时病部有黑色霉物，严重时叶片脱落，如图 5-5。茎部染病，病斑多在分枝处及叶柄基部，产生褐色稍凹陷病斑，表面生灰黑色霉状物。青果染病，始于花萼附近，初为椭圆形或不规则形褐色或黑色凹陷斑，后期果实开裂，病部较硬，密生黑色霉层。

【病因】番茄早疫病是由茄链格孢菌侵染所致，属真菌性病害。病菌可从植株的气孔、皮孔、伤口或表皮侵入。在气温 20~25 ℃、相对湿度 80% 以上或连续阴雨天气易流行，重茬地、瘠薄地、浇水过多或通风不良设施大棚地块发病较重。

【防治方法】选择抗病品种（如欧缇丽等），施足腐熟的有机底肥，采用嫁接育苗种植，与非茄科作物 3 年轮作。管理上注意保温和通风，发病初期，及时摘除病叶、病果及严重病枝。喷施杀菌农药可用 50% 腐霉利可湿性粉剂 2 000 倍液，或 50% 腐霉利可湿性粉剂 1 000 倍液 +70% 甲基硫菌灵可湿性粉剂 600 倍液，或 50% 多菌灵可湿性粉剂 1 500 倍液喷雾防治，提倡轮换交替或复配使用，每 7 d 喷 1 次，连喷 2~3 次。

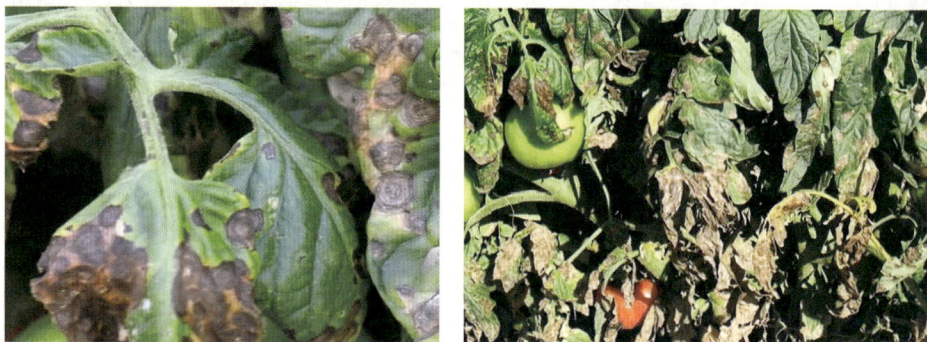

图 5-5　叶片早疫病症状

（五）叶霉病

【症状】叶霉病主要危害叶片，常由下部叶片先发病，逐渐向上蔓延。初期叶片背面出现一些褪绿斑，后期变为灰色或黑紫色的不规则形霉层，俗称"黑毛病"，其症状如图 5-6；叶片正面出现黄绿色、边缘不明显的斑点，严重时，叶片常出现干枯卷曲，整株叶片呈黄褐色干枯，如图 5-7。果实发病，果蒂附近或果面上形成黑色圆形或不规则斑块，硬化凹陷。

图 5-6　叶片叶霉病症状（背面）　　图 5-7　叶片叶霉病症状（正面）

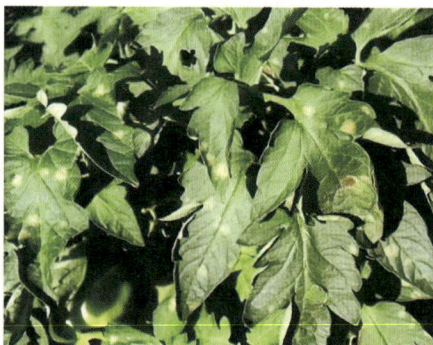

【病因】叶霉病为半知菌亚门褐孢霉属真菌性病害。高温高湿环境，即温度一般为 20~25 ℃、相对湿度 95% 以上容易发病。设施大棚多年连作、通风不良、空气湿度大的田块发病较重。或遇到低温多雨、连续阴雨年份设施番茄发病重。

【防治方法】选用抗病品种，如中杂 7 号、沈粉 3 号、佳红 15 等。种子可用 1% 高锰酸钾，或 2% 武夷霉素，或 2% 硫酸铜浸种消毒。棚室利用夏季空茬时高温闷棚 20~30 d。管理上与非茄科作物进行 2~3 年以上的轮作，减少土壤中的病菌基数；采用双垄覆膜、膜下灌水的栽培方式，适时通风排湿，控制温湿度，增加光照；避免偏施氮肥，增施磷钾；及时清除植株病残体，带出田块并集中烧毁或深埋。化学防治可用 4% 农抗 120 水剂 600 倍液，或 10% 苯醚甲环唑可湿性粉剂 1 500~2 000 倍液，或 25% 阿米西达悬浮剂 2 000 倍液喷雾防治，或每亩用 10% 百菌清烟雾剂 300~350 g，连喷或熏 2~3 次，施药间隔 7~10 d。

（六）枯萎病

【症状】又称萎蔫病，在花期或结果期开始发病。发病初期，出现失水萎蔫，早晚恢复正常，反复数日后，植株下部叶片变黄，严重时中上部叶片萎蔫、发黄、下垂，直至整株死亡。有时也表现为半边发病发黄，半边正常。病株根部、茎部维管束变褐色，空气湿度大时，病部产生粉红色霉菌。

【病因】枯萎病由番茄尖镰孢菌番茄专化型引起，属真菌界半知菌类病菌。一般从根系伤口、自然裂口、根毛侵入寄主，进入维管束，堵塞导管，并产出镰刀菌素导致病株叶片黄枯而死。设施大棚高温、高湿，连茬种植，土壤黏重、板结、透气性差，有根结线虫危害时发病重。

【防治方法】施用充分腐熟的有机肥，适当增施钾肥，有条件的可与非茄果类蔬菜实行 3~5 年轮作。种子用 0.1% 硫酸铜溶液浸种消毒催芽。育苗土每平方米床面用 50% 多菌灵可湿性粉剂 8~10 g，加细土 4~5 kg 拌匀，1/3 药土撒于床内，2/3 药土作为覆盖用土。根据番茄生育特性调节设施大棚环境，在发病初期可用 50% 扑海因可湿性粉剂 1 000~1 500 倍液，或 70% 甲基硫菌灵可湿性粉剂 600 倍液，或 4% 嘧啶核苷类抗菌素水剂 200 倍液，或 30% 甲霜恶霉灵 600 倍液等喷雾防治，隔 7~10 d 用药 1 次，连用 3~4 次。

（七）茎基腐病

【症状】俗称"烂脖跟"。在幼苗期及成株期均可发生，主要危害即将定植的大苗和已植番茄的茎基部或地下部主、侧根。发病初期茎基部皮层呈暗褐色，随后病部收缩变细即发生缢缩现象，严重时绕茎基或根茎扩展，导致皮层腐烂，地上部叶片变黄，果实膨大后因养分供应不足逐渐萎蔫枯死。拔出根部未见异常。

【病因】番茄茎基腐病的病原为半知菌亚门真菌的土传病害。土壤温度过高、过湿最易发病。病原菌菌丝生长最适温度为 24 ℃，在低于 12 ℃ 或高于 30 ℃ 时，生长受到抑制。借水流、农具传播和蔓延。秋延后、秋冬、越冬大棚以及长季节栽培的番茄发病重。若定植时茎基部皮层受伤，栽植过深，土壤湿度偏大，连续光照不足，放风排湿不及时等都会造成茎基腐病的发生和流行。

【防治方法】培育无病壮苗，加强田间管理，结合浇水撒施多菌灵、百菌清等广谱性杀菌剂。高温季节采用高垄栽培，避免水温低对秧苗茎秆基部的冷刺激。发病初期可喷施 50% 福美双可湿性粉剂 500 倍液，或 36% 甲基托布津悬浮剂 500 倍液，或 70% 甲基硫菌灵可湿性粉剂 800~1 000 倍液 +50% 腐霉利可湿性粉剂 1 000~1 200 倍液，隔 7~10 d 防治 1 次，也可用 40% 五氯硝基苯粉剂 200 倍液 +50% 福美双可湿性粉剂 200 倍液涂抹发病茎基部防治。

（八）灰叶斑病

【症状】该病害以危害叶片为主，亦可危害茎秆和果实。发病初期叶面产生近圆形或不规则形小斑点，后期病斑中央由灰白色变为灰褐色，外缘具有黄色晕圈；病斑处极薄，易破裂、穿孔，病斑干枯后脱落；周围深褐色，危害后的茎秆和果实为椭圆形病斑，后期病斑中央颜色为灰白色或淡褐色；单株发病往往由下部叶片向上蔓延。

【病因】灰叶斑病属于半知菌亚门真菌感染，设施大棚环境温暖潮湿是发病的重要条件，适宜发病的温度在 25 ℃ 左右。土壤肥力不足、植株生长孱弱发病重，特别是冬春季不注意通风排湿、不使用无滴膜的棚室发病重。

【防治方法】增施有机肥及磷钾肥，增强植株抗性，管理上注意通风、降低湿度。化学防治在发病前每亩用 45% 百菌清烟剂 250~300 g 熏杀，病期用 75% 百菌清 600 倍液，或 25% 嘧菌酯悬浮剂 1 500~2 000 倍液，或 20% 噻菌铜 500 倍液，或 10% 苯醚甲环唑 1 000~1 500 倍液，或 50% 醚菌酯 4 000 倍液喷雾防治，隔 5~7 d 喷 1 次药，共喷 2~3 次。

（九）煤霉病

【症状】该病主要危害叶片、叶柄和茎。发病初期叶背产生褪绿色斑，扩大后叶背病斑淡黄色，近圆形或不规则形，边缘不明显，严重时叶片被褐色绒状霉层覆盖直至叶枯萎死亡。叶柄、茎发病时长出褐色霉层。

【病因】煤霉病属半知菌亚门真菌感染。病菌喜高温高湿的环境，适宜发病的温度范围为 15~38 ℃，发育适温为 25~27 ℃，相对湿度为 90% 以上。连作地、土壤黏重，种植过密、通风透光差，浇水过多，下部老叶不及时整除的田块发病重。

【防治方法】设施栽培可采用高畦栽培，密度适宜，中后期适时摘除底叶，以利通风透光。合理施肥，避免偏施氮肥，增施磷、钾肥。适度浇水，切勿大水漫灌。注意放风控制棚室内温湿度，避免形成高温环境。清洁田园，减少侵染菌源。发病地块实行与非茄科蔬菜3年以上轮作，以减少田间病菌来源。发病初期可用50%甲基托布津500倍液，或40%达科宁悬浮剂600~700倍液，或50%速克灵可湿性粉剂1 000倍液，或77%可杀得可湿性粉剂1 000倍液，或50%苯菌灵1 500倍液喷雾防治，每隔7~10 d喷1次，连续喷3~4次。

（十）白粉病

【症状】白粉病主要危害叶片，叶柄、茎及果实有时也可被危害。叶面初现白色霉点，散生，后逐渐扩大成白色粉斑，并互相联合为大小不等的白粉斑，严重时整个叶面被白粉所覆盖，像被撒上一薄层面粉，如图5-8。叶柄、茎、果实染病时，发病部位也产生白粉状病斑。

【病因】白粉病属于半知菌门真菌感染。病菌主要依靠气流传播危害，在25~28 ℃和干燥条件下该病易流行，病菌孢子耐旱力特强。在湿润的环境下该病会受到抑制。在设施栽培中依靠通风排湿气流、农事操作辗转传播危害，完成病害周年循环。

【防治方法】注意选用抗病品种，严格控制空气湿度，适时浇水，防止形成干燥的环境。设施栽培宜加强温湿调控，主要用粉尘法或烟雾法防治；露地栽培于发病前或病害点片发生阶段及时连续喷药控病。化学防治可选用15%三唑酮可湿性粉剂500倍液，或2%武夷菌素水剂150倍液，或10%世高水溶性颗粒剂1 500倍液，或50%嗪胺灵乳油500~600倍液喷雾防治，隔7~15 d喷施1次，连续防治2~3次。

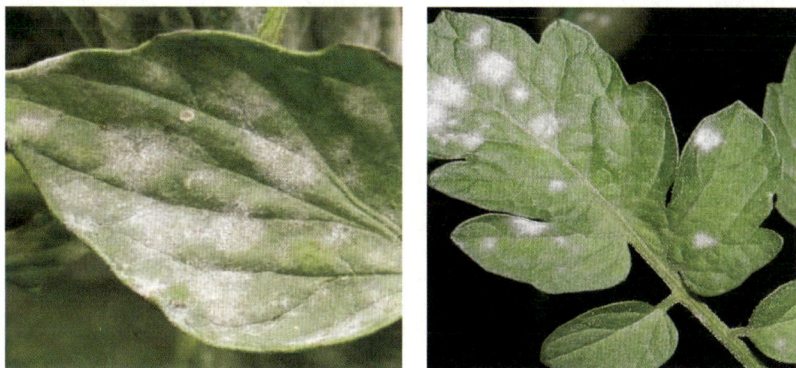

图5-8　叶片白粉病症状

二、细菌性病害防控

（一）青枯病

【症状】通常在植株开花坐果初期表现，先是顶端叶片萎蔫下垂，接着下部叶片萎蔫，中部叶片最后萎蔫，也有一侧叶片或整株叶片同时萎蔫的，中午明显，傍晚以后又恢复正常。发病到死亡植株一直保持绿色，叶片不凋落，叶脉褪色。病茎表皮粗糙，茎基部增生不定根或不定芽，湿度大时会出现水浸状褐色斑块，病茎维管束变为褐色，严重时茎切面上维管束溢出白色菌液。青枯病区别于枯萎病的重要特征是发病迅速，严重的病株经 7~8 d 就会死亡。

【病因】番茄青枯病病原为青枯假单胞菌，是一类危害严重的土传细菌病害。病原通过灌溉水、地下害虫、操作接触等传播，主要通过根部或茎基部皮孔和伤口侵入，植株茎维管束繁殖扩展。在设施栽培中高温高湿、久阴雨雪后转晴时发病较重，连年重茬、通风不良、土壤偏酸、钙磷缺乏等均易造成病害发生。

【防治方法】青枯病有发病急、重的特征，宜早防治。除加强管理、增施有机肥外，可以在发病初期喷洒 3% 中生菌素可湿性粉剂 800 倍液，或 20% 噻菌铜悬浮剂 500 倍液，或 68% 农用硫酸链霉素 1 500 倍液。也可每亩用 72% 农用链霉素可溶性粉剂 450 g 灌根，5~7 d 灌 1 次，连灌 2~3 次。

（二）细菌性溃疡病

【症状】番茄各个时期都能发病，危害叶、茎、果。苗期发病多始于叶片，由下至上、叶缘及叶脉间逐渐变黄、变褐，严重的病苗在胚轴、嫩茎或叶柄上产生凹陷的条形斑，维管束变色，幼苗表现矮化或枯死。成株期先从一侧或部分叶片开始，多由下向上、由局部枝叶向全株发展。先期下部叶片边缘枯萎，逐渐向上卷起，随着病茎的加重，叶片变黄或褐色、皱缩、干枯，不脱落。在坐果期以后，茎上开始出现溃疡状灰白色至灰褐色条形枯斑，且髓部变褐色疏松的海绵状，并迅速向上下扩展，在茎内形成长短不一的空腔，导致茎下陷、开裂，或弯折，茎的下部表面有许多疣刺或不定根。在潮湿的条件下，病茎处会有白色的脓状物溢出。果实的表面上出现略隆起的白色晕圈，晕圈中心有褐色木栓化突起的病斑，酷似鸟眼，故称"鸟眼斑"。病果多为空心果或畸形果，种子很少或无种子，后期果肉腐烂。

【病因】番茄溃疡病由棒状杆菌侵染致病，属于细菌性病害。设施大棚高温条件下容易发病，田间主要靠灌溉水传播，种子带菌是远距离传播的主要途径，整枝、绑蔓等操作管理亦可接触传播。病菌可从各种伤口、气孔或水孔侵入。病菌较耐低温，

1~33 ℃范围均能发育，适宜生育温度为 25~29 ℃。此外，设施大棚高湿、连作种植等不良条件均利于该病流行。

【防治方法】加强管理，进行嫁接培育壮苗。育苗土可用 40% 福尔马林或敌磺钠可溶性粉剂消毒。适时通风、降湿、透光。化学防治可在发病时用 77% 氢氧化铜可湿性粉剂 400~600 倍液，或 72% 农用硫酸链霉素可溶性粉剂 4 000 倍液，或 14% 络氨铜水剂 300 倍液，或 50%DT 杀菌剂 500 倍液喷雾防治。也可每亩用荧光假单胞杆菌 500~670 g 或 4% 春雷霉素可湿性粉剂 500 倍液灌根，间隔 7~10 d，连灌 2~3 次。

（三）细菌性髓部坏死病

【症状】该病在成株期易发生。发病初期上部茎叶表现褪绿、萎蔫，重时全株死亡；茎的下部发病产生褐色至黑褐色病斑，逐渐向上部扩展，纵剖病茎可见髓部变为黑褐色；表皮层多有圆形突起的"小疙瘩"或者不定根；湿度大时菌脓污液从茎的伤口或不定根处溢出。

【病因】细菌性髓部坏死病是由细菌皱纹假单胞菌侵染所致。开花坐果前该病较少发生。而在开花坐果期，由于营养生长与生殖生长竞争养分，植株长势不旺。若此时施用氮肥过多，磷钾肥不足，中微量元素缺乏，就容易发病。病菌借助灌溉水传播，农事操作摘叶或抹杈等也能传播病菌。病菌在夜温低、湿度大的条件下繁殖较快。偏施氮肥，连作田块易发病。

【防治方法】平衡施肥，施足有机肥，增施磷、钾肥。加强水肥管理，高畦覆盖地膜栽培，降低湿度，提高地温。控制棚室空气湿度。整枝、摘叶、疏花果后及发病初期喷施药剂防控，可用 77% 可杀得可湿性粉剂 500 倍液，或 14% 络氨铜水剂 300 倍液，或 72% 农用链霉素 4 000 倍液，或 30% 氧氯化铜 600 倍液喷雾防治，每隔 10 d 喷 1 次，连续防治 2~3 次。

（四）疮痂病

【症状】该病主要危害茎和果实，导致大面积的落果现象。病叶早期在叶背出现水浸状小斑，逐渐扩展近圆形或连接成不规则形黄褐色病斑，粗糙不平，病斑周围有褪绿晕圈，后期干枯质脆。茎部先出现水浸状褪绿斑点，后上下扩展呈长椭圆形、中央稍凹陷的黑褐色病斑。果实发病主要集中在着色前，以幼果和青果为主，果面先出现褪色斑点，后扩大呈现黄褐色或黑褐色近圆形粗糙枯死斑，直径 0.2~0.5 cm，有的相互连接成不规则形大斑块，果柄与果实连接处受害时，易落果。

【病因】疮痂病是由油菜黄单胞菌疮痂致病型引起的细菌病害。病菌从伤口或气孔侵入，高温、高湿是发病的主要原因。此外，栽培管理粗放、病田连作、土质黏重、积水、窝风或缺肥均可加重病害发生。

【防治方法】种子可用1%次氯酸钠溶液+云大120芸苔素内酯500倍液浸种消毒。初发病时用47%加瑞农可湿性粉剂600倍液，或50%琥胶肥酸铜可湿性粉剂500倍液，或90%新植霉素4 000倍液，或25%络氨铜水剂500倍液喷雾防治，以上药剂应注意轮换使用。

三、病毒性病害防控

（一）番茄病毒病

【症状】番茄病毒病类型很多，有花叶型、蕨叶型、条斑型、卷叶型、黄顶型、坏死型等。花叶型表现为叶片上出现黄绿相间或深浅相间的斑驳，叶脉透明，叶略有皱缩，植株略矮，如图5-9；蕨叶型表现为植株不同程度矮化，由上部叶片开始全部或部分变成线状，中、下部叶片向上微卷，花冠变为巨花。此外，有时还可见到巨芽、卷叶和黄顶型症状，如图5-10。

图5-9 番茄花叶型病毒病症状　　图5-10 番茄蕨叶型病毒病症状

【病因】引致番茄病毒病的毒原有20多种，主要有烟草花叶病毒（ToMV）、黄瓜花叶病毒（CMV）、烟草卷叶病毒（TLCV）、苜蓿花叶病毒（AMV）等。春夏两季烟草花叶病毒比例较大，而秋季以黄瓜花叶病毒为主。病毒病的发生与环境条件关系密切，高温干旱利于病害发生。此外，施用过量的氮肥，植株组织生长柔嫩或土壤瘠薄、板结、黏重以及排水不良则发病重。

【防治方法】选择抗病毒品种，如霞粉、飞天、德瑞特尤思诺等。种子用10%的磷酸三钠溶液或0.1%高锰酸钾溶液浸泡消毒。定植田要进行两年以上的轮作，可结合深翻，施用石灰，促使土壤中病毒钝化。肥水管理注意少量多次，做到不旱不涝。发现病株及时清除，减少病毒源。重防烟粉虱、白粉虱、蚜虫和蓟马等传毒害虫，可选药剂有噻虫嗪、吡虫啉、氯氰菊酯、吡蚜酮、啶虫脒等。化学防治可用20%盐酸吗啉胍·铜可湿性粉剂300~500倍液，或用2%氨基寡糖素水剂800~1 000倍液喷雾防治。

四、线虫病害防控

（一）根结线虫病

【症状】根结线虫病是番茄重要病害之一，俗称根部癌症病。该病主要侵染番茄根部，尤其侧根受害多。发病根上形成很多近似球状瘤状物，念珠状变粗相互连接，如图5-11，初表面白色，质地柔软，后变褐色或黑色，再呈褐色或暗褐色，表面粗糙、龟裂；地上部表现萎缩或黄化，土壤缺水时易萎蔫或枯萎，严重时植株枯死。

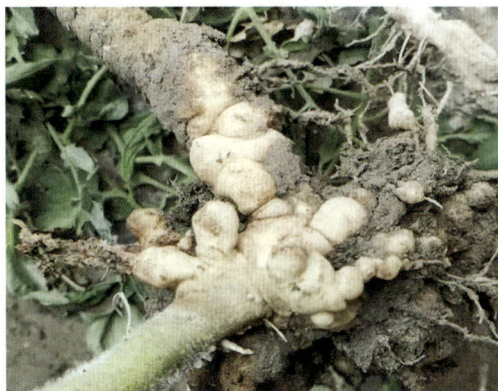

图5-11 根结线虫病症状

【病因】番茄根结线虫病是由南方根结线虫引起的线虫病害。在设施栽培条件下可周年危害。土壤、病苗和灌溉水是传播病原体的主要途径。疏松的沙质、含盐分低的土壤，土壤干燥、棚室温度高，连茬栽培病害发生重；茬口上秋延迟设施栽培发病重。

【防治方法】选用抗、耐根结线虫病品种，如凯蒂、罗拉、佳粉2号等。与禾本科或葱蒜类作物进行2~3年轮作，有良好防治效果。拉秧时及时清除病残体、病根等。在炎热的夏季闲茬时进行土壤深耕灌水，然后闷棚高温消毒，也可每亩追施石灰氮60~80 kg，或棉隆20~30 kg，或福气多1 kg，施药后灌水并覆盖地膜密闭大棚。化学防治可在幼苗定植前的15 d，每亩用10%噻唑磷颗粒剂1~2 kg与细土拌匀，均匀撒施，耕翻入土，也可每亩用22.5%噻唑膦乳油1~2 kg，或40%灭线磷乳油1 500倍液，浇灌发病植株，灌后20~30 d可视情况再次浇灌药剂1次。

五、生理性病害防控

（一）茎叶病害

1.苗期无头

【病因】苗期温度长时间低于5 ℃或高于35 ℃，导致生理性缺硼，生长点生长受到抑制出现无头；控旺药、杀虫剂、三唑类杀菌剂、激素等使用不当，过度干旱及蓟马等害虫取食也会危害生长点。

【防治方法】加强管理，培育壮苗，避免高温、低温及干旱等不利于番茄生长的逆境环境。可喷施爱多收、甲壳素、叶面硼肥等养根提头，促进新芽出现，待新芽转侧枝时加强管理，培育壮棵。对于蓟马等害虫可用吡虫啉、高效氯氟氰菊酯等药剂喷防。

2. 生理性卷叶

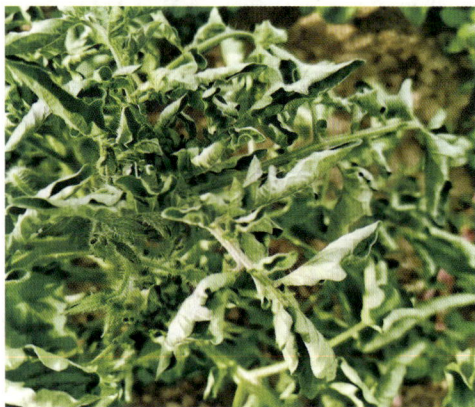

图 5-12　生理性卷叶症状

【病因】生理性卷叶与品种有关，不同品种之间差异较大。氮肥施用过多，会引起小叶翻转、卷曲；钙、硼等微量元素缺乏，都会引起叶片僵硬、叶缘卷曲，或者叶片细小、畸形。摘心过早容易使腋芽滋生，叶片中的磷酸无处输送，导致叶片老化，发生大量卷缩。进入结果盛期后，遇到高温、干旱天气而不能及时补水，此时叶片面积大，高温和强光使叶片蒸腾作用加强，植株下部叶片易发生卷缩。在棚室内通风换气时，通风过急过快，室外冷空气与室内暖空气交换强烈，番茄叶片适应不了这剧变的环境，极易造成通风口附近的番茄叶片卷曲，如图 5-12。

【防治方法】只要叶片卷缩不严重，对产量的影响不大，可不必采取防护措施。为了预防严重的生理性卷叶，可以在大拱棚夏秋茬或日光温室秋延迟茬采取遮阳网覆盖、往植株上喷水等措施进行降温预防。也可加强肥水管理，防止氮肥过量，保持土壤湿润，适时摘心、整枝，保持合理的叶面积等来预防。在植株定植后至坐果前进行抗旱锻炼也能起到有效预防效果。

（二）花果病害

1. 畸形花

【病因】番茄在幼苗分化期间，遇到温度过低或骤高骤低，干湿不当，氮肥过足，以及有害气体等影响花芽正常分化，造成番茄花的花瓣、花萼和雌蕊数复合增多，且排列不整齐。此外，地温、光照、营养也都有一定的影响。

【防治方法】加强番茄苗期温度管理，幼苗长到2~4片叶时进入花芽分化期，苗床气温保持白天 24~25 ℃、夜间 15~17 ℃，温差为 8~10 ℃，地温 18~22 ℃。当苗高 15 cm 时开始控水蹲苗。此外，补充尿素和磷酸二氢钾营养液，将光照时间延长至 8 h 以上。

2. 畸形果

【病因】在温室番茄生产中，极易形成尖顶、脐部突出、多棱形、半顶形等畸形果，如图 5-13。一是与品种特性有关，通常鲜食大果型品种发病重；二是在花芽分化和发育期，若连续一周遇到了 3~4 ℃ 的低温夜、干旱、氮肥过多等，也易产生畸形果；三是番茄灵浓度过高，重复蘸花或蘸花时温度过高，容易产生畸形果。

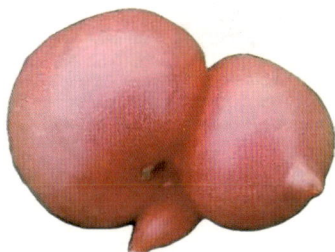

图 5-13　畸形果

【防治方法】选择抗逆性强、果皮厚、耐储运的品种。在幼苗花芽分化期，尤其是 2~5 片真叶展开期，白天温度保持在 25~28 ℃，夜温控制在 12~16 ℃，以利于花芽分化。苗期合理用肥水，避免氮肥过量引起徒长。适时喷施宝多收、叶面宝、光合微肥、磷酸二氢钾等叶面肥或含硼、钙的复合微肥。在花芽分化期间（2~6 片叶），避免使用矮壮素、乙烯利等可以促进番茄产生畸形果的植物生长调节剂。在使用激素促进坐果时，要掌握正确方法，尤其注意不能重复蘸花，且每朵花蘸取的药液量不宜过多。及时疏花疏果，以利正常花、果的发育。

3. 空洞果

【病因】番茄空洞果的发生受栽培季节的影响较大，相同品种在日光温室越冬茬及早春茬栽培时番茄空洞果率明显升高，反之，秋冬茬及晚春茬栽培时空洞果发生率低。受品种影响，早熟品种形成空洞果较多。在始花期，蘸花时激素浓度过高或重复蘸花，易形成空洞果。在开花坐果后，如果遇上持续阴雨雪天气，光照不足，养分供应不足，浇水量及追肥量不匀，氮肥过量等造成果皮生长与果肉生长不协调，易形成空洞果。此外，留果太多，营养物质供应不上也易形成空洞果，如图 5-14。

图 5-14　空洞果

【防治方法】根据品种特性合理安排茬次，选择心室较多的品种。施足基肥，平衡配施氮磷钾肥，适期灌水，促使植株营养生长和生殖生长平衡发展。在幼苗花芽分化期，避免出现低于 10 ℃或高于 35 ℃的温度。开花结果期，在适当的开花程度点花，合理使用点花激素浓度，不要重复使用，可采用熊蜂授粉。结果期及时疏果。

4. 脐腐病

图 5-15　脐腐病果

【病因】脐腐病病因较多。一是缺钙，在开花后 12~15 d，果实体积增长相对较快，对钙的需求量较大，容易引起局部缺钙，导致脐腐病果的出现，如图 5-15；二是光照弱，生产时间长，土壤含盐量较高，干旱，水分供应不足或失常，易形成脐腐；三是施用未腐熟的有机肥或施肥过多引起烧根造成发病；四是沙质土壤或黏重土壤易发病。

【防治方法】结合整地增施腐熟好的有机肥，特别对过黏或含沙过多的土壤，增强保墒能力。追肥时应注意氮、磷、钾肥的配合使用，避免偏施氮肥。酸性土壤可用石灰改良。在番茄着果后连续喷施钙肥 2~3 次，可喷 1% 过磷酸钙，或 0.3% 的氯化钙，或 0.5% 氯化钙加 5 g/kg 萘乙酸、0.1% 硝酸钙及爱多收 600 倍液。生产中期注意打杈、摘除病老黄叶、疏花疏果，减轻其对钙的争夺，预防脐腐病，也利于提高果实的整齐度和商品性。

5. 筋腐果

图 5-16　筋腐果

【病因】筋腐果分为褐变型筋腐果和白变型筋腐果，其中褐变型筋腐果最常见，是温室番茄发生较重的一种生理性病害，主要与多种不良环境条件综合作用有关。低温、高温、弱光、高夜温或缺钾、氮肥过足及病毒感染等因素，都能诱发筋腐果的出现，如图 5-16。其中，缺钾时发病明显加重。

【防治方法】施足有机肥。对土壤板结地块，采用生物菌肥 + 土壤改良剂调整。定植时合理密植、整枝，及时疏叶，改善通风光照条件。在番茄果实膨大期，应结合植株长势，适当增加高钾型水溶肥，减少高氮型肥料的施用。保持土壤湿润，以免忽干忽湿而伤害根系，影响钾元素的吸收。注意防治蚜虫和病毒病等。

6. 顶裂果

【病因】高温障碍导致花芽分化不良，形成畸形花，而畸形花是导致顶裂果发生的重要原因。一是由于番茄品种原因，不耐高温，对温度适应能力差；二是夏季棚内温度过高，在棚室管理过程中防风不及时，致使中午前后棚内温度达到 40 ℃。使得番茄植株花芽分化不良，从而产生顶裂果等畸形果；三是缺钙或钙元素吸收不良，在开花期缺乏钙元素会导致雌花柱头开裂，形成畸形花，后期随着果实生长发育就逐渐形成顶裂的畸形果；四是温度变化剧烈或水肥管理不当，棚室温度骤然升高，天气阴晴忽变，导致果肉与果皮生长

图 5-17 顶裂果

速度不同步，从而出现裂果，或因水肥管理不当，如浇水不均、中午前后浇水、过量施用化肥（高氮、高钾）等，影响植株对中微量元素的吸收，导致果实营养不良，从而使果实极易出现开裂的情况，如图 5-17。

【防治方法】适当遮阳降温，避免棚内温度过高，可采用铺设遮阳网、喷降温剂等措施。及时补充钙肥，可叶面喷施，每隔 7 d 喷 1 次，连续 2~3 次。缺硼时适当补充硼肥，在喷施钙肥的同时加入"硼尔美""速乐硼"等含硼叶面肥。加强棚内温湿度调控，根据外界天气变化和土壤墒情进行管理，避免棚内温度剧烈变化、土壤旱涝不均、偏施化肥等，从而创造适宜番茄生长发育的环境条件。

7. 果实着色不均

【病因】一是温度。温度是番茄果实着色不均的主要原因，当温度低于 10 ℃或高于 30 ℃时，都会抑制番茄红素的形成，温度在 18~26 ℃时，果实着色最佳。二是光照。若种植密度过大，株间相互遮阳，使果实得不到充足的光照，从而造成番茄着色不良，或出现绿肩果，着色不均匀。三是氮肥过多，钾肥不足。施用氮肥过多会使叶绿素含量增高，进而影响番茄着色；钾肥不足则易导致番茄出现黄绿色果肩。此外，若根系因病虫害或环境因素等影响而吸收肥水能力降低，同样会致使果实转色缓慢、着色不均，如图 5-18。

图 5-18 番茄着色不均

【防治方法】根据设施番茄种植茬口合理选择品种、定植密度等。控制好温度、光照等棚室环境。在果实膨大期可喷施磷钾叶面肥＋钙、硼等微肥促其生长均衡。

【课程资源】

常见病害及防治方法

项目二　虫害防治

【学习目标】

1.知识目标：了解设施番茄虫害防治主推技术、番茄虫害危害症状及发病原因；掌握番茄白粉虱、蚜虫等虫害危害症状、发病原因和发病时间；正确识别、诊断番茄虫害。

2.能力目标：熟练运用农业防治方法、生物防治方法和化学防治方法对番茄虫害进行防治；具备对番茄虫害进行诊断和监测的能力。

3.素质目标：培养学生和农业技术人员具备良好的农业环保意识，掌握绿色、低碳、安全的农业生产技术；提高学生和农业技术人员的综合素质，使其能够独立解决番茄虫害问题，提高番茄产量和质量。

任务一　常用杀虫剂基本特性

一、常用杀虫剂

（一）辛硫磷

辛硫磷商品为50%乳油，见光易分解，属中毒有机磷农药，主要用于土壤地下害虫防治，常用方法是使用500倍液灌根或地面喷洒，防治小地老虎及蛴螬、蝼蛄等害虫。

（二）噻嗪酮

噻嗪酮商品为25%可湿性粉剂或10%乳油，对于白粉虱及其虫卵均有杀灭作用，主要用于温室白粉虱防治，最好在日出前进行叶面喷施，此时防治效果最佳。

（三）吡虫啉

吡虫啉常用10%乳油，对于白粉虱有良好杀灭作用，主要用于温室白粉虱防治，与扑虱灵结合起来用效果更好。

（四）联苯菊酯

联苯菊酯属菊酯类杀虫剂，商品名为天王星，系2.5%联苯菊酯乳油，常用于蚜虫、红蜘蛛、棉铃虫等番茄害虫的防治。

（五）阿维菌素

阿维菌素商品为 1.8% 至 30% 浓度不等的乳油，主要用于防治斑潜蝇等害虫。

（六）氰戊菊酯

氰戊菊酯属菊酯类杀虫剂，商品为 20% 乳油，常用于蚜虫、红蜘蛛、棉铃虫等番茄害虫的防治。

（七）氰胺化钙

氰胺化钙商品名正肥丹，俗称石灰氮，含有氰胺化钙、氧化钙、碳及少量的二氧化硅、三氧化铁、电石等，其含氮量为 18%~22%，是一种迟效强碱性氮素肥料，在酸性土壤中有利于其分解和氮素肥效的释放。可在水分和二氧化碳的作用下生成酸性氰氨化钙，进一步通过酸性作用生成游离氰氨，最终水解转化成尿素和碳酸铵。因其只有在酸性土壤中能够顺利地完成肥料的转化释放过程，所以正肥丹适用于酸性土壤。如果用在碱性土壤中可转化为双氰氨，双氰氨不仅不能转化成作物所需要的氮素肥料，还对作物有毒害作用。生产中可根据不同作物和土壤线虫发生的密度，每亩应用正肥丹 $5{\sim}10$ kg/1 000 m^2，可将其作为基肥提前撒施或开沟施，施撒时要求均匀，施用后多次翻耕，使其与土壤充分混合，可杀灭土壤中线虫幼虫，减轻危害。

此外，三氯杀螨醇、功夫、抗蚜威、敌杀死、氯氟菊酯、灭扫利、来福灵、溴氰菊酯及绿菜宝、乐斯本等杀虫剂也可用于番茄各种害虫的防治。

【课程资源】

常用杀虫剂基本特性

任务二　常见虫害及防治方式

一、吸食性虫害防控

（一）温室白粉虱

【危害特点】温室白粉虱成虫和若虫吸食植物汁液（图5-19），被害叶片褪绿、变黄、萎蔫，甚至全株死亡。另外其分泌大量蜜露，污染叶片和果实，诱发霉污病，严重时造成减产或降低品质，亦可传播病毒病。

图5-19　白粉虱吸食植物汁液

【发生规律】在北方温室内，一年发生好几十代，且世代重叠；第二年春暖时，白粉虱便从温室内向露地迁移、扩散为害，成为露地蔬菜的虫源，虫口密度在6~7月迅速增长，8~9月增长最快。9月以后，随着气温的下降，露地寄主上的虫口密度减少，并开始向温室内迁移为害。

【防治方法】育苗和栽培棚要清除残株杂草、熏杀残余成虫，先培育"无虫苗"，再定植到清洁的生产温室；结合整枝打杈，摘除带虫老叶携出田外处理。在发生初期，利用成虫对黄色有强烈的趋向性，悬挂黄色粘虫板，诱杀成虫，每亩需35块左右。可人工繁殖释放丽蚜小蜂，白粉虱成虫在0.5头/株以下时，按照15头/株量释放小蜂，每隔10 d左右放1次，共放蜂3~4次。药剂防治可用25%噻嗪酮可湿性粉剂1 000~1 500倍液，或10%吡虫啉可湿性粉剂1 500倍液，或25%噻虫嗪水分散颗粒剂2 000~3 000倍液，或20%啶虫脒3 000倍液喷雾防治。

（二）蚜虫

【危害特点】蚜虫成虫和若虫在叶背面和嫩梢、嫩茎上吸食汁液（图5-20）。植物组织被害后，表现叶片卷缩、变黄，叶面皱缩下卷，生长停滞，甚至全株萎蔫死亡；老叶受害时不卷缩，但提前干枯。蚜虫还可以传播各种病毒病，其危害大于本身。

图5-20　蚜虫吸食植物汁液

【发生规律】蚜虫可耐 –10 ℃左右的低温。温度高于 6 ℃，约 24 d 完成一代；温度在 16 ℃时，约 10 d 完成一代；温度在 20 ℃时，4~5 d 便完成一代。温度越高，蚜虫的活动范围越扩大，如果控制不好，会在短时期内暴发成灾，危害程度不可忽视。

【防治方法】合理安排蔬菜茬口可减少蚜虫危害。例如与韭菜搭配种植，利用韭菜挥发的气味对蚜虫有驱避作用，降低蚜虫的密度，减轻蚜虫危害。释放蚜虫天敌如瓢虫、草蛉、食蚜蝇等，以天敌来控制蚜虫数量。通过悬挂黄色粘虫板诱杀或者银灰色薄膜驱避蚜虫。化学防治可采用喷洒杀虫剂药液的方式，也可进行烟熏控制，如 20% 多灭威 2 000~2 500 倍液，或 4.5% 高效氯氰菊酯 3 000~3 500 倍液，或 50% 抗蚜威可湿性粉剂 2 000~3 000 倍液，或 2.5% 功夫乳油 3 000~4 000 倍液喷雾防治，也可用 10% 异丙威菌虫双杀烟雾剂熏杀，每亩用量 300~400 g。

二、取食性虫害防控

（一）斑潜蝇

【危害特点】该虫从幼虫到成虫均危害蔬菜，以幼虫危害为主。幼虫在番茄叶片内、幼茎组织内取食，使叶片和茎布满"蛇形"白色蛀道，如图 5-21，严重的潜痕密布，破坏叶片的正常组织，影响植株的光合作用，可造成叶片脱落、植株早衰，而幼茎生长点遭到取食易形成"无头苗"。

图 5-21　斑潜蝇在叶面留下的白色蛀道

【发生规律】斑潜蝇繁殖能力强、寄主范围广、发生代数多、世代重叠严重，一年一般为 21~24 代。雌虫把卵产在部分伤孔的表皮下，雌虫一生平均产卵 110~300 粒，卵经 2~5 d 孵化，幼虫期 4~7 d，蛹经 7~14 d 羽化为成虫。成虫具有趋光性、趋绿性、趋黄性。

【防治方法】深耕、整地，清洁被害番茄植株残体，以降低虫源。夏季换茬时可以高温闷棚 30 d，杀死虫源。释放天敌姬小蜂、反颚茧蜂、潜蝇茧蜂等寄生蜂。化学防治可用 10% 除虫脲悬浮剂 3 000 倍液，或 25% 灭幼脲悬浮剂 2 500 倍液，或 20% 斑潜净乳油 1 500 倍液，或 1.8% 的阿维菌素乳油 3 000~4 000 倍液，在早晨或傍晚喷雾防治，间隔期 5~7 d，连续用药 3~5 次。

（二）棉铃虫

【危害特点】棉铃虫（图 5-22）以幼虫蛀食番茄植株的蕾、花、果，并且食害嫩茎、

图 5-22　棉铃虫

叶、芽。花蕾受害后，苞叶张开，变成黄绿色，2~3 d 脱落。幼果常被吃空或引起腐烂而脱落，大果被蛀食部分果肉，易进水和病菌感染而引起腐烂、落果，造成减产。

【发生规律】棉铃虫喜温喜湿，一年内发生多代，最适宜生存温度为 20~30℃，冬春茬番茄受害较为严重。成虫交配和产卵多在夜间进行，卵散产于植株的嫩梢、嫩叶、茎上，每头雌虫产卵 100~200 粒，产卵期 7~13 d。成虫昼伏夜出，黄昏时活动最盛，可以在此时喷药防治。

【防治方法】每茬番茄种植前深耕，降低虫口基数。加强田间管理，合理肥水，培育壮株，增强抗虫性。在棉铃虫产卵始、盛、末期释放赤眼蜂，每亩放蜂 1.5 万头，每次放蜂间隔期为 3~5 d，连续 3~5 次。在成虫产卵期结合喷防虫药加入 2% 过磷酸钙浸出液，可减少产卵量。在成虫羽化期安装高压汞灯及频振式杀虫灯诱蛾杀灭。化学防治可用 2.5% 溴氰菊酯乳油 2 000~3 000 倍液，或 40% 菊马乳油 2 000~3 000 倍液，每隔 7~10 d 喷杀 1 次，连续防治 2~3 次。

【课程资源】

常见虫害及防治方式

练习与思考

1. 设施番茄常见病害有哪些？
2. 试述番茄细菌性病害的类型及防治方法。
3. 试述引起番茄病毒病的原因及其防治措施。
4. 设施番茄常见虫害有哪些？
5. 番茄害虫防治有哪些方法？各有什么特点？

模块六　设施番茄的采收与贮运

（3 学时，理论 3 学时）

项目一　设施番茄的收获及处理

【学习目标】

1. 知识目标：能掌握设施番茄的采收及贮藏要求，能完成设施番茄分拣。

2. 能力目标：提高学生对设施番茄采摘、分拣、贮藏技术的实际操作能力，使其能够独立完成设施番茄的生产过程，确保产量和质量。

3. 素质目标：通过学习设施番茄采摘、分拣、贮藏技术，提高学生对农业产业的认知，同时增强学生的社会责任感，积极参与农业技术推广和普及工作，使其成为推动农业现代化发展的中坚力量。

任务一　设施番茄的采收

番茄果实成熟的迟早及采收的时期，因品种特性、栽培目的及栽培技术而异。番茄从开花到果实成熟，早熟种 40~50 d，中晚熟种 50~60 d。应根据需要适时采收和贮果催熟。

一、适时采收

番茄果实的成熟及采收可分为 4 个时期。

绿熟期（也叫青熟期）：果实已充分膨大，基本停止生长，果顶及大部分果面变白，果实变硬，尚未着色。

转色期：果实顶部 50%~70%、整个果面约 30% 已转为黄色。此时采收适于提早上市及较长时间贮运，也有利于后期果实的发育。

成熟期（也叫坚熟期）：除果实肩部以外，3/4 果面都已着色（红色或黄色），有光泽，肉质较硬，营养价值较高。此时采收适于立即上市，不宜贮藏和远途运输。

完熟期：果实完全着色，肉质变软，色泽更艳，含糖量较高。此时采收适于即刻上市和鲜食，不宜贮藏和远途运输。加工番茄可采收后运往工厂做番茄酱、汁的生产原料。

二、贮果催熟

为了促进番茄成熟，增加果实的成熟度，提高其商品价值，生产者常进行人工催熟。常用催熟技术如下。

增温处理：将已充分膨大的绿熟果堆放在温度较高的地方，如室内、温床、温室等，增高温度，加速成熟。此法可比自然状态下提早红熟 2~3 d。采用加温催熟虽简单易行，但也存在果色不均、色泽不鲜，缺乏香味，味酸，催熟时间长等缺点。另外，温度高时容易造成番茄凋萎、皱缩及腐烂等。

化学处理：化学处理最常用的药剂是乙烯利。用 500~1 000 mg/kg 乙烯利喷果，果实色泽品质较好，但较费工。在植株上喷洒时，为避免引起黄叶及落叶，尽量避免喷到叶面上，可以用毛笔蘸取较高浓度（2 000 mg/kg 或以上）的乙烯利涂抹在果柄或果蒂上，也可涂抹在果面上。或将果实连同果柄一同摘下，在 2 000~3 000 mg/kg 乙烯利溶液里浸泡 1~2 min，取出后将果实堆放在温床内，保持床温 20~25 ℃，并适当通风，防止床内湿度过大而引起腐烂。经过 5~6 d 处理后，果实随即转红。催熟时要轻拿轻放，尽量避免损伤果实。病果、虫果应尽早剔除。此方法成本低，省工，可提早 5~7 d 红熟。

三、采摘方法

设施番茄采收基本上采取手工采摘，采摘时应注意避免对番茄造成机械损伤，田间使用的容器应洁净，内表平滑且边缘平展。采摘时应努力将损伤和浪费减少到最低程度，并能根据需要确定最佳的番茄采收期。采收时及采收后应避免将番茄产品置于太阳底下，以防晒伤。番茄产品如果无法立即运走，应将其置于阴凉处。采收时间应选择早晨或傍晚，此时果实内部温度较低，可减少遇冷所需的能量。番茄的成熟指标为切开番茄时种子可自然滑脱，或果实颜色开始由绿色转变为粉红色。

【课程资源】

设施番茄的采收

任务二 设施番茄的分拣处理

一、番茄卸果

番茄产品从田间采收送到包装场所后，首先应将果子倒出，称为卸果。卸果可采用湿法卸果，即利用流动的氯水（100~150 mg/kg）来移送果品以减少碰伤与擦伤。亦可采用干式卸果，即用加衬垫的斜面或传送带来减少对产品的损害。番茄卸果后通过预选、清洗、涂蜡和大小分级，便可装箱贮藏或上市销售了。

二、番茄预选

产品的预选是指在冷却或其他处理前，剔除受损伤的、腐败或其他有缺陷的产品，以防扩散到其他个体上。选果台的高度要适宜选果者的操作，摆放选果台与选果箱时，应尽量减少手的移动幅度，选果工作台的宽度应小于 0.5 m。

三、番茄清洗

清洗是采用加氯处理的洗果水对番茄进行水洗的过程，这有助于控制包装操作中病原体的生长，控制产品个体间病害的传播。可以先用次氯酸溶液（50~70 mg/kg）浸泡 2 min，然后用自来水清洗，以防止细菌、真菌等病害发生。

四、番茄涂蜡

涂蜡是指在果品表面涂抹一层可食性蜡，它可补偿在清洗操作中失去的自然蜡，有助于减少加工销售过程中的水分损失。如果产品经过涂蜡，那就必须使蜡层完全干燥。

五、番茄分级

分级是将番茄依据质量标准要求加以区分，是番茄进入市场之前的重要措施。国内最常用的是手工分级，操作人员应经过培训，能合理分级并将分级后的产品直接装箱。手持式分级器用于分选不同规格的番茄产品。大型蔬菜农场可用大小分级机分级，一种是带有一组呈分叉状排列的杆式滚筒旋转式选果机，小番茄先通过滚筒掉入下方分选带或果箱，随着滚筒间隙变大，大一些的番茄陆续落下；另一种是利用不同规格方形孔的分级链分级。

【课程资源】

设施番茄的分拣处理

任务三　设施番茄贮存保鲜

一、设施番茄的贮存

番茄从采收到销售，需经历贮藏、运输等环节，其中温度控制是维持番茄品质的关键因素。番茄果实采收后仍是活的生命体，具有呼吸作用，通过机械制冷或存放地下室等方式有利于番茄降低呼吸速率，减轻其对乙烯的敏感性和减少水分损耗，从而延长其贮藏寿命。番茄的冷却方法很多，番茄冷藏库的温度控制在 13~15 ℃为宜，温度过低，将会使番茄成熟后着色不好或发生链格孢腐烂等低温冷害症状，降低了产品品质。

常用的冷却方法有以下 5 种。

（一）室内冷却

在有机械制冷的冷藏库，利用制冷机进行室内冷却，费用相对较低。冷藏库的地板可采用水泥材质，以聚亚胺酯泡沫塑料作为隔热层。所有连接处必须做好防漏处理，且门需配备橡皮以密封。

（二）强制通风冷却

利用风扇强制让冷空气或冷湿空气通过具有通风孔的包装箱等贮藏容器，从而大大加快番茄产品的冷却速度，达到迅速制冷的目的，可用于包装产品的强制预冷。

（三）水冷

将产品浸入装有冷水的罐中，或将输送带上输送的产品用冰水冷却，具有冷却迅速均匀等特点。若用含氯冰水可同时消毒预冷。

（四）夜间通风冷却

在昼夜温差较大的地区，可以用隔热良好的材料建造贮藏库，其通风口位于地面，夜间可打开通风窗，用风扇将冷空气抽入贮藏室，利用夜间冷空气来冷却贮藏库，日出前将通风窗关闭维持低温。

（五）冰冷却

可以以冰仓方式即让空气经过冰罐后再通入产品贮藏室的方法进行冷却。

此外还可用辐射冷却、井水冷却或将产品运往较高海拔的地方冷却，降低冷却费用，并达到低温贮藏的目的。

二、设施番茄包装

包装是实现番茄标准化，保证安全贮运和销售的重要措施。番茄产品的包装，可以用硬质塑料筐或瓦楞纤维板箱等硬质材料以防压扁。包装可使产品固定，减少震动，起到保护作用。包装完成后，为便于销售商了解操作方法，应在包装箱上通过粘贴、盖印或模板印刷等方式设置标签。品牌标签既能为生产者、包装者和经销商进行宣传，又能为消费者提供具体的保存方法或食用指导建议。运输标签应包括产品的名称、净重、商标名、包装或运销商名称和地址、产地、等级或尺寸、建议贮藏温度及其他特别说明。

三、设施番茄运输

在番茄长距离运输过程中，温度管理至关重要。堆码时应确保空气适当流通，以便带走产品的呼吸热以及来自大气或路面反射的热量。运输车辆应具备良好的隔热通风性能，以保持预冷过的产品处于低温通风的条件下。产品的堆码方式应能使机械损伤降到最低，并捆绑结实。在夜间和清晨运输，能带走装载产品的许多热量。为了减少热量从车厢外部传入货堆，堆码时必须尽量减少产品与地板、产品与车厢壁的接触面积。短距离运输可用敞篷车加盖帆布并加装风罩以利于车内通风降温，长距离运输则可用冷藏车根据番茄所需温度控温运输。产品到达目的地后，应避免野蛮装卸，减少搬运环节，以维持适宜的低温环境。若产品在销售前需要贮藏，批发市场及零售市场应保持清洁，且将番茄与其他种类蔬菜隔离存放。

【课程资源】

设施番茄贮存保鲜

练习与思考

1. 番茄果实的成熟时期有哪些？

2. 常用番茄果实催熟技术有哪些？

3. 如何进行番茄果实的分拣处理？

4. 番茄的冷却有哪些方法？

5. 番茄包装运输时要注意哪些问题？

参考文献

［1］程智慧.蔬菜栽培学总论［M］.北京：科学出版社，2010.

［2］冯兰香，杨又迪.中国番茄病虫害及其防治技术研究［M］.北京：中国农业出版社，1999.

［3］贺超兴.设施番茄栽培［M］.北京：中国农业科学技术出版社，2006.

［4］焦自高，陈运起，王立华，等.大棚番茄无公害高效栽培技术［M］.济南：山东科学技术出版社，1998.

［5］刘中良.设施番茄安全高效生产技术［M］.北京：中国农业科学技术出版社，2019.

［6］刘正坪.蔬菜病虫害防治技术问答［M］.北京：中国农业大学出版社，2007.

［7］刘升，冯双庆.果蔬预冷藏保鲜技术［M］.北京：科学技术文献出版社，2001.

［8］苏建亚，陆悦健.蔬菜病虫害防治［M］.南京：南京大学出版社，2000.

［9］田世平.果蔬产品产后贮藏加工与包装技术指南［M］.北京：中国农业出版社，2000.

［10］徐鹤林，李景富.中国番茄［M］.北京：中国农业出版社，2007.

［11］王长林，眭晓蕾，任华中.茄果类蔬菜高产优质栽培技术［M］.北京：中国林业出版社，2000.

［12］王朝轮，杨占朝，邢彩云.蔬菜生产实用技术［M］.郑州：中原农民出版社，2014.

［13］王久兴，毛秀杰.图文精解设施果蔬栽培经验：番茄分册［M］.北京：科学技术文献出版社，2006.

［14］虞轶俊.蔬菜病虫害无公害防治技术［M］.北京：中国农业出版社，2003.

［15］余文贵，赵统敏.番茄栽培新技术［M］.福州：福建科技出版社，2010.

［16］赵统敏.番茄栽培实用技术［M］.南京：江苏科学技术出版社，1999.

［17］赵统敏，高军，余文贵.番茄栽培与病虫害防治技术［M］.北京：中国农业出版社，2001.

［18］赵丽萍，赵统敏，杨玛丽，等.番茄设施栽培［M］.北京：中国农业出版社，2013.

附录 1　常用计量单位

单位符号	单位名称
hm^2	公顷
t	吨
cm	厘米
m	米
m^2	平方米
m^3	立方米
g	克
kg	千克
mg	毫克
mL/kg	毫升每千克
g/kg	克每千克
mL/L	毫升每升
μg/kg	微克每千克
d	天
min	分钟
h	小时
℃	摄氏度
lx	勒克斯
W	瓦
mS/cm	毫西门子每厘米
g/cm^3	克每立方米

附录 2　常用营养液配方

配方名称	配料种类	含量 / (mg/L)	
克诺普配方	硝酸钙 [Ca(NO$_3$)$_2$·4H$_2$O]	800	
	硫酸镁 (MgSO$_4$·7H$_2$O)	200	
	硝酸钾 (KNO$_3$)	200	
	磷酸二氢钾 (KH$_2$PO$_4$)	200	
霍格兰配方	硝酸钙 [Ca(NO$_3$)$_2$·4H$_2$O]	1 180	950
	硝酸钾 (KNO$_3$)	510	610
	硫酸镁 (MgSO$_4$·7H$_2$O)	490	490
	磷酸二氢钾 (KH$_2$PO$_4$)	140	—
	酒石酸亚铁 (C$_4$H$_4$FeO$_6$)	5	5
	磷酸氢二铵 [(NH$_4$)$_2$HPO$_4$]	—	120
微量元素通用配方	螯合铁 (Na$_2$Fe-EDTA)	24.0	
	硫酸亚铁 (FeSO$_4$·7H$_2$O)	15.0	
	硼酸 (H$_3$BO$_3$)	3.0	
	硼砂 (Na$_2$B$_4$O$_7$·10H$_2$O)	4.5	
	硫酸锰 (MnSO$_4$·4H$_2$O)	2.0	
	硫酸铜 (CuSO$_4$·5H$_2$O)	0.22	
	硫酸锌 (ZnSO$_4$·7H$_2$O)	0.05	

附录 3 番茄农药安全使用标准

农药名称	农药含量及剂型	主要防治对象	用药量或稀释倍数	施药方法	安全间隔期（d）
多菌灵	50% 可湿性粉剂	多种病害	500 倍	浸种	15
福美双	50% 可湿性粉剂	多种病害	种子量的 0.4%	拌种	7
甲霜灵	25% 可湿性粉剂	猝倒病	种子量的 0.4%	拌种	7
甲基托布津	70% 可湿性粉剂	多种病害	600~800 倍液	喷雾	7
百菌清	70% 可湿性粉剂 45% 烟剂	灰霉病、枯萎病	500 倍 每亩 250 g	喷雾 点烟	3
农抗武夷菌素	1% 水剂	灰霉病、白粉病	150~200 倍	喷雾	7
克露	72% 可湿性粉剂	霜霉病、疫病	600~800 倍	喷雾	2
速克灵	50% 可湿性粉剂	灰霉病	800~1 000 倍	喷雾	7
甲霜灵	65% 可湿性粉剂	灰霉病、白粉病	600~800 倍	喷雾	7
扑海因	50% 可湿性粉剂	灰霉病、猝倒病	600 倍	喷雾	7
甲霜灵锰锌	58% 可湿性粉剂	霜霉病、早疫病	1 000 倍	喷雾	7
杀毒矾	64% 可湿性粉剂	猝倒病、立枯病	400~500 倍	喷雾	3
灭克	粉尘剂	灰霉病	每亩 1 kg	喷粉	7
霜克	粉尘剂	霜霉病	每亩 1 kg	喷粉	7
灰霉克	28% 可湿性粉剂	灰霉病、叶霉病	500 倍	喷雾	7
可杀得	77% 可湿性粉剂	早疫病、角斑病	400~600 倍	喷雾	3
普力克	66.5% 可湿性粉剂	猝倒病、早疫病	100~1 500 倍	喷雾	7
硫酸链霉素	72% 水剂	细菌性角斑病	400~5 000 倍	喷雾	2
青枯灵	25% 可湿性粉剂	细菌性角斑病	500 倍	喷雾	7
菌克毒克	2% 水剂	病毒病	200~250 倍	喷雾	2

（续表）

农药名称	农药含量及剂型	主要防治对象	用药量或稀释倍数	施药方法	安全间隔期（d）
植病灵	1.5% 乳剂	病毒病	600~800 倍	喷雾	7
病毒 A	20% 可湿性粉剂	病毒病	500 倍	喷雾	2
大功臣	10% 可湿性粉剂	蚜虫、白粉虱	1 000 倍	喷雾	7
避蚜雾	50% 可湿性粉剂	蚜虫	5 000 倍	喷雾	7~10
虫螨克	0.9% 水剂	蚜虫、美洲斑潜蝇	300~4 000 倍	喷雾	7
功夫	2.5% 乳油	蚜虫、美洲斑潜蝇	2 000~3 000 倍	喷雾	7
高效氯氰菊酯	4.5% 乳油	棉铃虫、甜菜夜蛾	1 500 倍	喷雾	7
溴氰菊酯	2.5% 乳油	蚜虫、棉铃虫	2 500 倍	喷雾	2
菊杀	2% 乳油	蚜虫	1 000 倍	喷雾	7
乐斯本	48% 乳油	美洲斑潜蝇	600~800 倍	喷雾	7
浏阳霉素	10% 乳油	茶黄螨	100~1 500 倍	喷雾	7
卡死克	5% 乳油	茶黄螨	100~1 500 倍	喷雾	15
克螨特	73% 乳油	螨类	200~2 500 倍	喷雾	15